SPS-Programmierung in Anweisungsliste nach IEC 61131-3

Lizenz zum Wissen.

Sichern Sie sich umfassendes Technikwissen mit Sofortzugriff auf tausende Fachbücher und Fachzeitschriften aus den Bereichen: Automobiltechnik, Maschinenbau, Energie + Umwelt, E-Technik, Informatik + IT und Bauwesen.

Exklusiv für Leser von Springer-Fachbüchern: Testen Sie Springer für Professionals 30 Tage unverbindlich. Nutzen Sie dazu im Bestellverlauf Ihren persönlichen Aktionscode C0005406 auf
www.springerprofessional.de/buchaktion/

Jetzt 30 Tage testen!

Springer für Professionals.
Digitale Fachbibliothek. Themen-Scout. Knowledge-Manager.

- 🔍 Zugriff auf tausende von Fachbüchern und Fachzeitschriften
- 🕑 Selektion, Komprimierung und Verknüpfung relevanter Themen durch Fachredaktionen
- ✎ Tools zur persönlichen Wissensorganisation und Vernetzung

www.entschieden-intelligenter.de

Springer für Professionals

Hans-Joachim Adam · Mathias Adam

SPS-Programmierung in Anweisungsliste nach IEC 61131-3

Eine systematische und handlungsorientierte Einführung in die strukturierte Programmierung

5., korrigierte Auflage

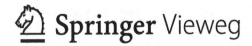 Springer Vieweg

Hans-Joachim Adam
Mathias Adam
Bühl, Deutschland

ISBN 978-3-662-46715-2   ISBN 978-3-662-46716-9 (eBook)
DOI 10.1007/978-3-662-46716-9

Die Deutsche Nationalbibliothek verzeichnet diese Publikation in der Deutschen Nationalbibliografie; detaillierte bibliografische Daten sind im Internet über http://dnb.d-nb.de abrufbar.

Springer Vieweg
© Elektorverlag 1997, 2000, 2003
© Springer-Verlag Berlin Heidelberg 2012, 2015

Gedruckt auf säurefreiem und chlorfrei gebleichtem Papier.

Springer-Verlag GmbH Berlin Heidelberg ist Teil der Fachverlagsgruppe Springer Science+Business Media
(www.springer.com)

Vorwort

Dieses Buch entstand aus der Unterrichtspraxis an beruflichen und allgemeinbildenden Schulen, der innerbetrieblichen Aus- und Weiterbildung in einem Chemiebetrieb und der beruflichen Qualifizierung von Ingenieuren zum Lehramt für Informationstechnik an beruflichen Schulen in Baden-Württemberg.

Das Buch ist als Lehr- und Übungsbuch geschrieben. Das bedeutet, dass Sie in neue Gebiete durch Erklärung oder Beispiele eingeführt werden. Zur Festigung Ihres Wissens und zur Lern- und Erfolgskontrolle empfehlen wir, die Übungen durchzuführen. Für die meisten Übungen sind Musterlösungen verfügbar: Jede Übung hat einen eindeutigen Namen, unter dem die Lösung auf der Webseite der Autoren[1] zu finden ist.

Integraler Bestandteil dieses Buches ist das SPS-Simulationsprogramm „PLC-lite", welches speziell für diesen Kurs von den Autoren entwickelt wurde. Sie können es kostenlos von der Autorenwebseite herunterladen. Sie erhalten damit die Möglichkeit, unabhängig von Einschränkungen bei realen Systemen, eine normkonforme Steuerung intensiv zu erproben. Der Umfang an Befehlen, Datentypen, Strukturen usw. wurde so gewählt, dass die Besonderheiten der Programmierung in Anweisungsliste nach IEC 61131-3 anhand der Übungen aus dem vorliegenden Buch gut nachvollzogen werden können. Darüber hinaus enthält „PLC-lite" eine große Anzahl von Prozessen als animierte Simulationen. Hierdurch können Sie Ihre Programme praxisgerecht und gefahrlos testen und das Verhalten der gesteuerten Prozesse (auch bei extremen Bedingungen oder „Fehlern") studieren. Ihr PC ist damit sowohl Programmiergerät und SPS-Automatisierungsgerät als auch „technische Anlage".

Zu Anfang werden wir uns in den ersten vier Kapiteln ausführlich mit Grundlagen und der Digitaltechnik befassen. Dieser Teil dient vor allem als Vorbereitung zur SPS-Programmierung, die im zweiten Teil behandelt wird. Sie erfahren hier wichtige Grundlagen für die SPS-Technik. Außerdem ist die Digitaltechnik bereits SPS-Programmierung! In der Sprache „Funktionsplan" wird im Prinzip nichts anderes gemacht als die logischen Symbole zum Programm zu verbinden. Das sieht ganz ähnlich aus wie das Erstellen einer digitalen Schaltung.

---

[1] http://www.adamis.de/sps/

Im zweiten Teil des Buches behandeln wir die SPS-Technik. Sie werden jetzt schnell den Vorteil der SPS-Programmierung erkennen: Änderungen erfordern kein umständliches Kabelziehen, wie es bei der digitalen Schaltungstechnik erforderlich war. Sie schreiben lediglich die neue Anweisung, und das war's dann schon.

Die Programmierung wird in diesem Buch mit der universellsten Sprache, der Anweisungsliste (engl. *instruction list, IL*) erlernt. Sie hat gegenüber den oft beliebteren graphischen Sprachen den Vorteil der exakten, leicht nachvollziehbaren klaren Strukturierung. Die IEC 61131-3 ist mit der zweiten Ausgabe noch konsequenter an allgemeinen Programmiersprachen ausgerichtet.

Mit dem Buch „SPS-Programmierung mit IEC 61131" haben Karl Heinz John und Michael Tiegelkamp eine Referenz erstellt, die tiefe Einblicke in die Norm IEC 61131 ermöglicht. Mit diesem Referenzwerk können die in dem vorliegenden Buch gelegten Grundlagen systematisch erweitert werden.

Kapitel 1: Grundlagen	
Kapitel 2: Boolsche Algebra	Kapitel 5: Schaltnetze mit SPS
Kapitel 3: Speicherglieder	Kapitel 6: Speicher mit SPS
Kapitel 7: Zeitfunktionen mit SPS	
Kapitel 4: Zähler	Kapitel 8: Zähler mit SPS
Kapitel 9: Funktionsbausteine	
Kapitel 10: Sprünge, Schleifen	
Kapitel 11: Funktionen	
Kapitel 12: Ablaufsteuerungen	

Weil Sie es bei diesem Buch mit einem Lehrbuch (und keinem Nachschlagewerk) zu tun haben, ist es empfehlenswert, das Buch systematisch durchzuarbeiten. Der Lehrstoff und die Übungen sind nach didaktischen Gesichtspunkten in einer ganz bestimmten Reihenfolge aufeinander aufbauend geordnet. Bitte lassen Sie keine der Übungen aus, und arbeiten Sie erst weiter, wenn Sie sie ganz verstanden haben, damit sich eventuelle Lücken nicht später negativ bemerkbar machen. Das schrittweise Vorgehen garantiert einen höchstmöglichen Lernerfolg.

Zum Durcharbeiten empfehlen wir Ihnen eine der drei folgenden Methoden:

Die gründliche Methode Sie arbeiten alles nacheinander, chronologisch von der ersten bis zur letzten Seite durch. Wenn Sie sich die Zeit nehmen und die nötige Geduld aufbringen, die mehr als 150 Übungsaufgaben zu bearbeiten, werden Sie sowohl in Digitaltechnik als auch in SPS solide Kenntnisse erwerben, die weit über einfache Grundlagen hinausreichen. Besonders wenn Sie noch keine Vorkenntnisse in Digitaltechnik haben, ist das die empfehlenswerte Vorgehensweise. Sie lernen dann zuerst die Digitaltechnik und anschließend SPS-Technik.

Die parallele Methode Alternativ können Sie auch die Digitaltechnik und die SPS-Technik quasi gleichzeitig erlernen, indem Sie abwechselnd ein Kapitel Digitaltechnik und dann das passende SPS-Kapitel bearbeiten. Dieses Vorgehen empfehlen wir Ihnen, wenn Sie schon etwas Digitaltechnik können, aber sich nicht mehr ganz sicher sind. In diesem Fall bearbeiten Sie die Kapitel in der Reihenfolge: 1, 2, 5, 3, 6, 7, 4, 8, 9, 10, 11, 12.

Die fortgeschrittene Methode Wenn Sie Digitaltechnik-„Profi" sind und sich ausschließlich mit der SPS-Technik befassen wollen können Sie einfach mit dem fünften Kapitel beginnen und dann bis zum Ende des Buches weiterarbeiten.

Seit der Erstauflage dieses Buches vor über 13 Jahren hat die Norm IEC 61131 enorm an Bedeutung gewonnen. Die aktuell gültige zweite Ausgabe der Norm brachte zahlreiche Änderungen und Ergänzungen, die in der vorliegenden vierten Buchauflage berücksichtigt wurden. Die Darstellungen der Ablaufdiagramme in diesem Buch wurden gemäß der DIN EN 60848 neu gezeichnet.

Bühl, Frühjahr 2012   *Hans-Joachim Adam*
                                                                                     Mathias Adam

Vorwort zur 5., erweiterten Auflage

Wir haben dem Buch ein weiteres Kapitel hinzugefügt, in dem die Steuerung einer Berg-bahn programmiert wird. Besonders interessant dabei ist die Visualisierung der Bergbahn im neu gestalteten Simulationsprogramm PLC-lite. Damit können Sie die Seilbahn „rich-tig" fahren lassen und Ihre Programme realitätsnah und gefahrlos testen. Durch die Simu-lation von Betriebsfehlern (unterbrochener oder kurzgeschlossener Sensor) können Sie die Stabilität Ihrer Lösungen prüfen. Des weiteren haben wir das Sachverzeichnis um eine Auflistung der Übungsaufgaben erweitert.

Bühl, Frühjahr 2015

Hans-Joachim Adam
Mathias Adam

Inhaltsverzeichnis

Teil II   SPS-Technik

Die Autoren

Diplomingenieur Hans-Joachim Adam studierte Elektrotechnik an der Universität Karlsruhe. Seit 1978 unterrichtet er die Fächer Mathematik, Elektrotechnik und Informationstechnik am Technischen Gymnasium Bühl. Am Staatlichen Seminar für Didaktik und Lehrerbildung (berufliche Schulen) in Karlsruhe ist er Fachleiter im Fachbereich Informationstechnik. Er ist in der Lehrerfortbildung des Oberschulamts Karlsruhe und des Kultusministeriums Baden-Württemberg sowie in innerbetrieblichen Schulungen bei verschiedenen Industriebetrieben tätig.

Diplomingenieur Mathias Adam studierte an der Universität Karlsruhe Elektrotechnik und Informationstechnik und arbeitet freiberuflich als beratender Ingenieur. Seine Arbeitsschwerpunkte liegen in der maschinellen Bildverarbeitung sowie Embedded Linux.

Teil I
Digitaltechnik

Im ersten Teil des Buches behandeln wir die Digitaltechnik. Dieser Abschnitt dient als Vorbereitung zur SPS-Programmierung, die im Teil II behandelt wird.

Sie erfahren hier wichtige Grundlagen für die SPS-Technik. Außerdem ist die Digitaltechnik bereits SPS-Programmierung! In der Sprache „Funktionsplan" (die allerdings nicht in diesem Buch verwendet wird) wird im Prinzip nichts anderes gemacht als die digitalen Symbole zur Schaltung (und damit zum Programm) zu verbinden.

.

Grundlagen: Zahlensysteme, Dualzahlen und Codes

1

Zusammmenfassung

Für die meisten Menschen scheint heute das beim Zählen üblicherweise angewendete dezimale Zahlensystem von Natur aus vorgegeben zu sein. Es wird selten als eine reine Erfindung der Menschen angesehen. Setzt man sich jedoch mit den Problemen des Zählens und der Zahlensysteme einmal auseinander, so werden die Struktur und die Notwendigkeit anderer Zahlensysteme als das dezimale verständlich.

In den Abschn. 1.1 bis 1.10 erfahren Sie etwas über die Zahlen und Ziffern, was „zählen" bedeutet und nach welchen Gesetzmäßigkeiten die Zahlen aufgebaut werden.

Das Problem der Codierung (Verschlüsselung) ist uralt und – wie das Zählen – ein Grundelement der menschlichen Kommunikation. Die Darstellung der Dualzahlen ist ein Dualcode; ein reiner Binärcode. Lernen Sie in den Abschn. 1.11 bis 1.15 den Unterschied zwischen Dualzahlen einerseits und digitalen Informationen und Codes andererseits kennen.

1.1 Dezimalzahlensystem

Alle Zahlensysteme sind nach der gleichen Gesetzmäßigkeit aufgebaut. Dabei handelt es sich immer darum, eine ganz bestimmte Anzahl (=„Menge") durch ein Symbol, eben die „Zahl" auszudrücken.

Betrachten Sie Abb. 1.1: Im Beispiel sind Mengen von Punkten gezeichnet. Für jede Menge (=Anzahl) gibt es ein anderes Zahlzeichen (Ziffer), das für die jeweilige Anzahl steht. Für Null Stück steht die Ziffer „0", für ein Stück die Ziffer „1" usw. Sie können leicht einsehen, dass< man auf diese Weise nicht alle beliebigen Anzahlen darstellen kann, weil für die unendlich vielen An-Zahlen auch unendlich viele verschiedene Zahlzeichen nötig wären.

Ohne besondere Maßnahmen müsste man daher so viele verschiedene Symbole wie mögliche Mengen haben, d. h. also unendlich viele! Das ist natürlich völlig unmöglich.

© Springer-Verlag Berlin Heidelberg 2015

H.-J. Adam, M. Adam, *SPS-Programmierung in Anweisungsliste nach IEC 61131-3*,

DOI 10.1007/978-3-662-46716-9_1

Abb. 1.1 Punktmengen: Ziffern stehen als Symbole bzw. Zahlzeichen für die Anzahl von Punkten.

Menge:	Ziffer
	0
●	1
●●	2
●●●	3
●●●●	4
●●●●●	5
●●●●● ●	6
●●●●● ●●	7
●●●●● ●●●	8
●●●●● ●●●●	9

Deshalb werden die gleichen Symbole wiederholt verwendet. Diese Grundsymbole sind die *Ziffern*.

Für größere Mengen als neun Stück werden keine neuen Ziffern mehr verwendet, sondern diese Zahlen werden durch eine Zusammensetzung der bekannten Symbole 0...9 gebildet. In der deutschen Sprache gibt es allerdings noch mehr Zahlwörter: Zehn, Elf und Zwölf. Erst danach werden die neuen Zahlwörter durch Zusammensetzungen der Grundzahlwörter gebildet: Drei-Zehn, Vier-Zehn usw.

Übung 1.1

Stellen Sie für verschiedene Ihnen bekannte Fremdsprachen die Anzahl der unterschiedlichen Zahlenwörter zusammen! Prüfen Sie einmal nach, wie in verschiedenen Sprachen die Zahlen zwischen „Zehn" und „Zwanzig" gebildet werden!

1.2 Bündelung

Ist die Menge größer als der Vorrat an eingeführten Zahlensymbolen, muss man bündeln. In allen Sprachen werden die größeren Zahlen aus den endlich vielen Zahlwörtern eines Grundvorrats zusammengesetzt. Im Zehner- oder Dezimalsystem muss man immer Bündel zu je zehn Stück bilden. Die sich dann ergebende Anzahl (Menge) von „Zehnerbündeln" wird wieder durch eines der Zahlensymbole ausgedrückt. In Abb. 1.2 wird eine Menge von vierundzwanzig Punkten gebündelt.

Die vollständigen Zehnerbündel werden mit der Anzahl der Bündel benannt, wobei zur Kennzeichnung als Zehnerbündel die Silbe „-zig" angehängt wird. (z. B. Vierzig, Fünfzig). Ausnahmen gelten für Zwanzig (statt Zweizig), Dreißig (statt Dreizig) und Sechzig (statt Sechszig). Die Zahl im Beispiel aus Abb. 1.2 heißt daher „Vier-und-Zwanzig".

Abb. 1.2 Menge von 24 Stück bündeln

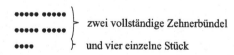

●●●●● ●●●●● ⎫
●●●●● ●●●●● ⎬ zwei vollständige Zehnerbündel
●●●● ⎬ und vier einzelne Stück

Abb. 1.3 Bündel für Zweihun-
dert-sieben-und-dreißig

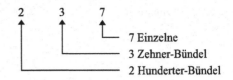

Durch die Bündelung erreicht man, dass die vollständigen Bündel entstehen und die restlichen Anzahlen bei Zehnerbündelung stets neun oder kleiner sind. Als praktische Anwendung können Sie sich vorstellen, dass in einer Eierschachtel zehn Eier verpackt werden. Zehn dieser Schachteln werden in einem Karton verpackt, von denen wiederum zehn auf einer Palette Platz finden. Die Eier, Kartons bzw. Paletten werden also in 10er-Bündel aufgeteilt. Eine Schachtel enthält 10 Eier, ein Karton 100, eine Palette wieder zehnmal soviel, also 1000 Eier. Sie können nun jede beliebige Anzahl von Eiern auf die Paletten, Kartons, Schachteln und restliche Einzelstück aufteilen. Von jedem Behältnis sind maximal neun Stück erforderlich. In Abb. 1.3 sehen Sie ein Beispiel für eine Bündelung: Für 237 Eier benötigt man 2 Kartons, 3 Schachteln und 7 Eier bleiben einzeln.

Übung 1.2

Bündeln Sie in Abb. 1.4 die Anzahl der Striche im Feld „0" zu Zehner-Bündeln. Für jedes vollständige Bündel das Sie im rechten Feld „0" durchstreichen, notieren Sie einen Merkstrich im links daneben liegenden Feld „1" als Merkhilfe. Wenn das Feld „1" mehr als zehn Striche enthält, muss für die Striche in diesem Feld ebenfalls wieder eine Zehner-Bündelung vorgenommen werden! Zeichnen Sie für je 10 Merkstriche im Feld „1" im dazu linken Feld „2" wieder je einen Merkstrich. (Diese Zählregel muss so lange fortgesetzt werden, bis in keinem Feld mehr als 9 Merkstriche notiert sind.) Schreiben Sie die Anzahl der übriggebliebenen Merkstriche unter das betreffende Feld.

1.3 Das dezimale Positionensystem

Jede Ziffer einer Zahl entspricht einer bestimmten Menge, die aus der Ziffer multipliziert mit dem Stellenwert errechnet wird. Der Unterschied zwischen den Stellenwerten

Abb. 1.4 Bündelfelder zu
Übung 1.2

②	①	⓪
		‖⫼ ⫼⫼ ⫼⫼ ⫼⫼ ⫼⫼⫼ ‖⫼ ⫼⫼ ⫼⫼ ⫼⫼ ⫼⫼⫼ ‖⫼ ⫼⫼ ⫼⫼ ⫼⫼ ⫼⫼⫼ ‖⫼ ⫼⫼ ⫼⫼ ⫼⫼ ⫼⫼⫼ ‖⫼ ⫼⫼ ⫼⫼ ⫼⫼⫼

Abb. 1.5 Dezimalzahl

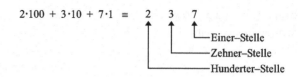

ist immer der Faktor 10. Deshalb nennt man ein solches Zahlensystem „dekadisch" oder „dezimal".

Unsere „Zahlen" stellen die Anzahl der Einzelnen, Zehner-, Hunderter-, Tausender- usw. Bündel dar! Weil jeweils höchstens 9 Elemente vorhanden sind, reichen zur Darstellung aller Zahlen die zehn verschiedenen Zahlwörter „Null" bis „Neun". Die Anzahl Zweihundertsiebenunddreißig ist in Abb. 1.5 dargestellt.

In Tab. 1.1 sind die Werte der einzelnen Positionen beim Dezimalsystem aufgeführt. Zur Vereinfachung der Schreibweise notieren wir bei den Zahlen nur die jeweiligen Anzahlen, nicht aber die Faktoren 1, 10, 100 usw. (siehe Abb. 1.5). Dieses Verfahren erlaubt eine kompakte Darstellung der Zahlen, hat aber einige Konsequenzen:

Reihenfolge Die vereinbarte Reihenfolge der Ziffern ist unbedingt einzuhalten. Bringt man die Ziffern in eine andere Reihenfolge, dann ändert sich der Wert der Zahl. Es entscheidet also sowohl die Ziffer selbst, als auch die Position dieser Ziffer innerhalb der Zahl über deren Zahlenwert. Die Zahl „Einhundert-drei-und-zwanzig" wird in Ziffern als „123" geschrieben. Wenn Sie die Reihenfolge der Ziffern vertauschen, so ändert sich der Zahlenwert erheblich. Dies ist ein Unterschied zu den römischen und ägyptischen Zahlen! (siehe Abschn. 1.4 und 1.5) Leider werden in der deutschen Sprache die Reihenfolge der Zahlwörter für die Zehner- und Einerstellen vertauscht: „ein-hundert-drei-und-zwanzig" statt „einhundert-zwanzig-drei". Weil wir uns von klein auf daran gewöhnt haben, fällt uns das nicht auf. In anderen Sprachen ist das oft anders, z. B. im Englischen: „one-hundred-twenty-three".

Zahlzeichen einstellig Die jeweiligen Zahlzeichen für die Anzahlen dürfen nur einstellig sein. Das ist beim „normalen", dezimalen Zahlensystem der Fall und macht uns daher bis jetzt noch keine Probleme. Bei anderen Systemen, z. B. bei Hexadezimalen Zahlen (Abschn. 1.10) müssen aus diesem Grund neue Zahlzeichen „erfunden" werden.

Tab. 1.1 Dezimalsystem

	Position 5	Position 4	Position 3	Position 2	Position 1	Position 0
			Tausender	Hunderter	Zehner	Einer
...	100 000	10 000	1000	100	10	1
...	10^5	10^4	10^3	10^2	10^1	10^0

Null Eine besondere Bedeutung kommt der Ziffer 0 zu, ohne die eine korrekte Positionendarstellung nicht möglich ist. Wenn in einem Feld keine Striche übrigbleiben, muss diese Position durch die Null besetzt werden. Weder bei den römischen noch bei den ägyptischen Zahlen ist die Null erforderlich!

Übung 1.3

Schreiben Sie in der Abb. 1.4 der Übung 1.2 über jedes Feld den Wert, den jeder der Striche in diesem Feld bedeutet. Schreiben Sie die Gesamtzahl nicht nur in Ziffern, sondern auch in Worten auf!

1.4 Römische Zahlen

Als Beispiel für ein nicht-dezimales Zahlensystem möchten wir die römischen Zahlzeichen anführen. Hier bedeuten die Zahlensymbole I, V, X, L, C, D und M die Werte 1, 5, 10, 50, 100, 500 und 1000. Größere Zahlen werden durch Wiederholung der Symbole ausgedrückt, wobei die Werte subtrahiert bzw. addiert werden müssen.

Die Zahl Vier wird durch IV $(-1 + 5)$, Sechs durch VI $(5 + 1)$, die Zahl Neun durch IX $(-1+10)$, 1998 durch $MCMXCVIII$ $(1000-100+1000-10+100+5+1+1+1)$ und 2012 durch $MMXII$ $(1000 + 1000 + 10 + 1 + 1)$ dargestellt.

Wir wollen hier nicht näher auf dieses Zahlensystem eingehen. Für weitere Informationen verweisen wir auf die einschlägige Literatur.

1.5 Ägyptische Zahlen

Bemerkenswert erscheint uns das altägyptische Zahlensystem. Die alten Ägypter hatten ein Zahlensystem (Abb. 1.6), welches unserem Dezimalsystem auf den ersten Blick ähn-

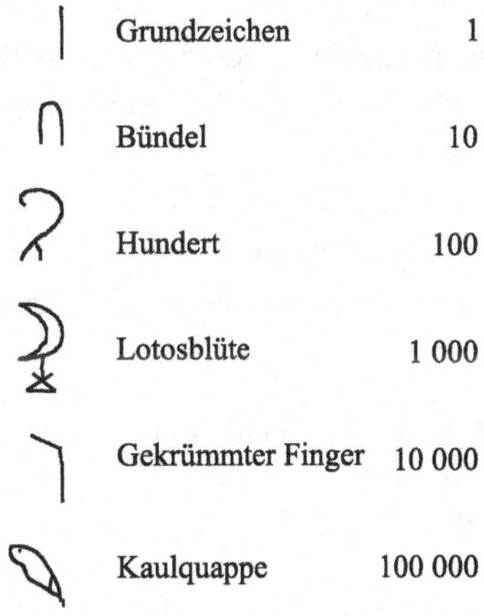

Abb. 1.6 Ägyptisches Zahlensystem

$\mid$	Grundzeichen	1
$\cap$	Bündel	10
	Hundert	100
	Lotosblüte	1 000
	Gekrümmter Finger	10 000
	Kaulquappe	100 000

Abb. 1.7 Beispiel für eine ägyptische Hieroglyphe

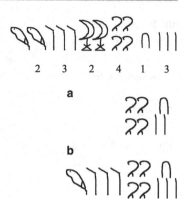

    2   3   2   4   1   3

Abb. 1.8 Zu Übung 1.4

a

b

lich ist, weil die Grundziffern sich durch Zehnerpotenzen unterscheiden. Jede Grundziffer hat ein eigenes Symbol. Die Reihenfolge, in der die verschiedenen Symbole dargestellt werden, spielt deshalb keine Rolle. Der Zahlenwert ist nicht an die Position gebunden. Die Zeichen bräuchten daher nicht so wie in Abb. 1.7 sortiert sein, sondern man könnte sie in der Reihenfolge willkürlich anordnen.

Übung 1.4

Welchen Wert haben die Hieroglyphen in Abb. 1.8?

1.6 Binärsystem, Dualzahlensystem

Die Bündelung wie beim Dezimalsystem lässt sich mit jeder beliebigen Grundzahl durchführen. In früherer Zeit war die Aufteilung in zwölf Stück (= ‚Dutzend') und zwölf Dutzend (= ‚Gros') üblich. Die kleinste Grundzahl, mit der eine Bündelung möglich ist, ist die Zwei. Diesem Zweiersystem oder Dualsystem liegt eine Zweierbündelung zugrunde. Abbildung 1.9 zeigt, wie durch Aufteilen in Zweierbündel Dualzahlen erzeugt werden. Die Dualzahlen werden auch als Binärzahlen bezeichnet.

Die Werte der einzelnen Positionen beim Dualsystem sind in Tab. 1.2 zusammengefasst.

Die Dualzahl 101011 ist im Dezimalsystem die Zahl 43 (Abb. 1.10). Diese Zahlendarstellung ist für uns Menschen etwas unhandlich, weil die Zahlen schnell sehr lang werden. Für Maschinen ergeben sich aber große Vorteile.

Abb. 1.9 Beispiel für Bündelung von 21 Stück als Zweierbündel

32	16	8	4	2	1
	ǀ	卌	卌 ǀ 卌	卌卌 卌卌	卌卌ǀ 卌卌卌
	1	0	1	0	1

Tab. 1.2 Dualsystem

	Position 5	Position 4	Position 3	Position 2	Position 1	Position 0
	32	16	8	4	2	1
	2^5	2^4	2^3	2^2	2^1	2^0

...	Position 11	Position 10	Position 9	Position 8	Position 7	Position 6
...	2048	1024	512	256	128	64
...	2^{11}	2^{10}	2^9	2^8	2^7	2^6

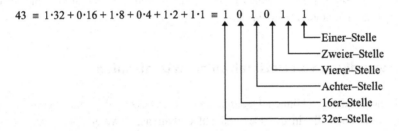

$$43 \equiv 1{\cdot}32 + 0{\cdot}16 + 1{\cdot}8 + 0{\cdot}4 + 1{\cdot}2 + 1{\cdot}1 \equiv 1\ 0\ 1\ 0\ 1\ 1$$

Einer–Stelle
Zweier–Stelle
Vierer–Stelle
Achter–Stelle
16er–Stelle
32er–Stelle

Abb. 1.10 Dezimalzahl und Dualzahl: zum Beispiel 43_{Dez} und 101011_{Dual}

Abb. 1.11 Zweierbündelung zu Übung 1.5

⑤	④	③	②	①	⓪
					IIII IIII IIII IIII IIII IIII IIII IIII III

Übung 1.5

Führen Sie in der Abb. 1.11 eine Zweierbündelung durch. Für jeweils zwei Merkstriche muss in das links danebenliegende Feld ein Merkstrich eingetragen werden.

Übung 1.6

Rechnen Sie die Dualzahlen in Dezimalzahlen um:

a. 011 =	b. 10101010 =	c. 111 =	d. 10010010 =
e. 100 =	f. 01010101 =	g. 10000 =	h. 10100 =
i. 110 =	j. 10000000 =	k. 1111 =	l. 10000101 =

1.7 Computer arbeiten mit Dualzahlen

Computer kennen keine Ziffern, sondern nur Spannungen (Volt) und Ströme (Ampere). Man könnte die Zahlen jeweils bestimmten Spannungswerten zuordnen, z. B. je 1 Volt. Der Zahl ‚Zwei' entsprächen dann 2 Volt, der Zahl ‚Dreizehn' 13 Volt usw. Technisch kann man aber weder zu große Spannungen verwenden, noch kann man die Spannungen genügend genau in beliebig kleinen Stufen darstellen. Computer, die auf solch einem „analogen" Zahlensystem beruhen, erreichen keine sehr große Genauigkeit. Selbst ein Dezimalsystem würde noch zehn verschiedene Spannungswerte für jede Dezimalstelle erfordern, was technisch auch nicht gerade einfach zu handhaben wäre.

Um solche Probleme zu vermeiden, muss man Zahlensysteme verwenden, die mit weniger verschiedenen Zahlensymbolen auskommen. Das System mit der geringsten Anzahl von verschiedenen Symbolen ist das Zweiersystem oder Dualsystem. Die beiden verschiedenen Symbole 0 und 1 können dann einfach durch „Spannung vorhanden" oder „Spannung nicht vorhanden" ausgedrückt werden.

1.8 Umwandlung von Dezimalzahlen in Dualzahlen

Durch Zweierbündelung können Dezimalzahlen in Dualzahlen umgewandelt werden. Man kann aber auch die in der Dezimalzahl enthaltenen Zweier-Potenzwerte (beginnend bei der höchsten) ermitteln, den Restwert bestimmen und hier wieder die höchste enthaltene Zweierpotenz bestimmen.

Beispiel 1.1 (Dezimalzahl in eine Dualzahl umwandeln)

Die Dezimalzahl 21 soll in eine Dualzahl umgewandelt werden:
Die höchste enthaltene Zweierpotenz ist $16 = 1 * 2^4$.
Im Rest $21 - 16 = 5$ ist die höchste Zweierpotenz $4 = 1 * 2^2$.
Nun ist der Rest: $5 - 4 = 1 = 1 * 2^0$.
Die beiden Zweierpotenzen 2^3 und 2^1 kommen nicht vor, d. h.
wir haben die Werte $0 * 2^3$ und $0 * 2^1$.
Die Dualzahl heißt also:
$\mathbf{1*2^4 + 0*2^3 + 1*2^2 + 0*2^1 + 1*2^0}$
Geschrieben werden nur die Ziffern: $\boxed{10101_{\text{Dual}} = 21_{\text{Dez.}}}$

Übung 1.7

Berechnen Sie zu folgenden Zahlen des Dezimalsystems die entsprechenden Dualzahlen:

a. 3 =	b. 9 =	c. 15 =	d. 20 =
e. 31 =	f. 45 =	g. 99 =	h. 189 =
i. 200 =	j. 266 =	k. 278 =	l. 311 =
m. 499 =	n. 556 =		

1.9 Andere Zahlenbasen, Hexadezimale Zahlen (Basis 16)

Außer der Bündelung mit 10 oder 2, kann die Bündelung auf jeder beliebigen Basis beruhen. Als Beispiel kann die Verpackung von 12 Eiern in einer Schachtel dienen. Die Anzahl 12 nennt man auch 1 Dutzend. Werden wieder 12 Dutzend in jeweils einen Karton verpackt, dann erhält man $12 * 12 = 144$ Stück. Diese Anzahl ist ein Gros. Dies kann man so fortführen: 12 Kartons auf eine Palette, 12 Paletten in einem LKW usw. In diesem Fall ist 12 die Zahlenbasis.

In der Computertechnik verwendet man gerne die Basis 16, also 2^4. Diese Basis wird *hexadezimale* oder *sedezimale* Basis genannt. Weil hierbei die Basis 2 in der Potenz von 4 enthalten ist, ergibt sich zwischen dem Dualsystem und dem Hexadezimalsystem ein besonders einfacher Zusammenhang, welcher die Umrechnung einer Zahl von einem zum anderen System sehr einfach macht. Das betrachten wir in Abschn. 1.10 noch genauer.

Die Zahlzeichen des Hexadezimalsystems für die Werte ab ‚Zehn' müssen einstellig sein, damit eine eindeutige Zuordnung zu den Positionen möglich wird. Die Dezimalzahl ‚26' ist in hexadezimaler Form: $1 * 16 + 10 * 1$. Da ja im Positionensystem nur die Koeffizienten (hier „1" und „10") geschrieben werden, käme die Zahl ‚110' zustande, was ja nicht stimmt ($110_{hex} = 1 * 16^2 + 1 * 16 + 0 = 272_{Dez}$). Die Anzahl ‚zehn' muss einstellig als ‚A' geschrieben werden, so dass die korrekte HEX-Zahl für $26_{Dez} = 1A_{Hex}$ heißt.

> Da beim hexadezimalen System 16 verschiedene (einstellige!) Zahlzeichen benötigt werden, werden ab ‚Zehn' bis ‚Fünfzehn' die Anfangsbuchstaben des Alphabets verwendet.

Die Zahlzeichen (Ziffern) beim Hexadezimalsystem haben wir in der Tab. 1.3 aufgelistet. Die (dezimalen) Wertigkeiten der Ziffern einer HEX-Zahl sind in Tab. 1.4 angegeben.

Tab. 1.3 HEX-Ziffern

HEX-Ziffer:	0	1	2	3	4	5	6	7	8	9	A	B	C	D	E	F
Dezimalwert:	0	1	2	3	4	5	6	7	8	9	10	11	12	13	14	15

Tab. 1.4 Hexadezimalsystem oder Sedezimalsystem

...	Position 5	Position 4	Position 3	Position 2	Position 1	Position 0
...	1 048 576	65 536	4 096	256	16	1
...	16^5	16^4	16^3	16^2	16^1	16^0

Beispiel 1.2 (HEX-Zahl und Dezimalzahl)

Die Zahl 333_{Hex} bedeutet:

$$333_{\text{Hex}} = 3 * 16^2 + 3 * 16^1 + 3 * 16^0 = 819_{\text{Dez}}.$$

Übung 1.8

Rechnen Sie folgende Hexadezimalzahlen in Dezimalzahlen um:

a. 110 =	b. CD =	c. 1234 =	d. EF6A =
e. 3456 =	f. 10F2 =	g. 109 =	h. AE29 =
i. 87E4 =	j. 6E5B =	k. AFFE =	

Übung 1.9

Rechnen Sie die folgenden Dezimalzahlen in Hexadezimalzahlen um:

a. 9 =	b. 45 =	c. 99 =	d. 580 =
e. 910 =	f. 3030 =	g. 6550 =	h. 8750 =
i. 11111 =	j. 60000 =		

1.10   Hexadezimale Zahlen und Dualzahlen

Dualzahlen (Binärzahlen) lassen sich besonders einfach in Hexadezimalzahlen umwandeln, weil in der Basis 16 die Basis 2 als Potenz 2^4 vorkommt. Für je 4 Binärstellen erhält man deshalb eine hexadezimale Stelle.

Beispiel 1.3 (Binärzahlen (Dualzahlen) und Hexadezimalzahl)

In Abb. 1.12 sehen wir ein Beispiel für die Umrechnung der HEX-Zahl $9D3F$ in die Dualzahl 1001110100111111.

Übung 1.10

Rechnen Sie die Binärzahlen aus der Übung 1.6 in hexadezimale Zahlen um. Wandeln Sie danach die HEX-Zahlen in Dezimalzahlen und kontrollieren Sie das Ergebnis mit Ihrer früheren Lösung.

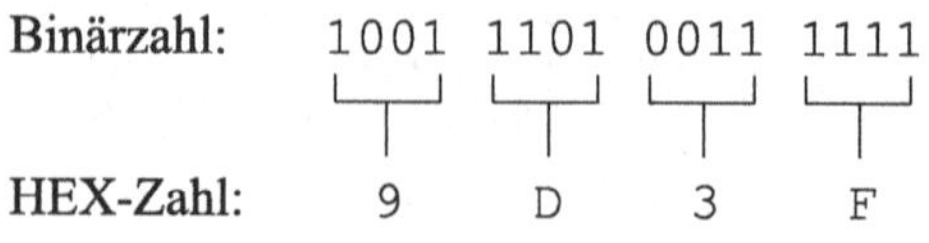

Abb. 1.12 Binärzahl und Hexadezimalzahl

Binärzahl:	1001	1101	0011	1111
HEX-Zahl:	9	D	3	F

1.11 Binärcode

Die Dezimalzahl 837 ist als Dualzahl ein reiner Binärcode, die Wertigkeiten der einzelnen Stellen entsprechen den Zweierpotenzen: $837_{Dez} = 1101000101_{Dual}$
Weitere Beispiele siehe vorn bei Übung 1.6.

1.12 BCD-Code

Die Codierung von Dezimalzahlen in Dualzahlen ist übersichtlicher durchzuführen, wenn kein reiner Binärcode nach den 2-er Potenzen verwendet wird, sondern die Dezimalziffern stellenweise codiert werden. Dadurch ergibt sich der BCD-Code. Die Abkürzung steht für Binär Codierte Dezimalen.

Beispiel 1.4 (Zusammenhang zwischen Dezimalzahl, Dualzahl und BCD-Zahl)
Die Zahl $837_{Dez} = 11\ 0100\ 0101_{Dual}$ sieht als BCD-Zahl so aus:

Dezimale Zahl:	8	3	7
BCD-codierte Zahl:	1000	0011	0111_{BCD}

Im Unterschied zur reinen Binärcodedarstellung mit 10 Stellen sind jetzt aber 12 Stellen notwendig! Der Nachteil, dass BCD-Zahlen länger sind als die entsprechenden rein binären, wird durch die für den Menschen bessere Lesbarkeit ausgeglichen. Auch bei Anwendungen, die Zählerstände auf einer Ziffernanzeige darstellen sollen, ist die BCD-Darstellung günstiger. Allerdings, für den Computer bedeutet es oft kompliziertere Rechenoperationen – aber das macht uns ja nichts aus.

Übung 1.11
Rechnen Sie die Zahlen aus den vorigen Übungen in Hexadezimalzahlen und in BCD-codierte Dualzahlen um!

1.13 ASCII-Code

Die Schreibweise mit nur zwei verschiedenen Zeichen, „0" und „1", eignet sich auch für eine Codierung von beliebigen Zeichen, Buchstaben und sogar Aktionen (=Befehlen). Die Position der Zeichen ‚0' oder ‚1' gibt dann natürlich keine Aussage über den (Zahlen-) Wert, weil es sich ja nicht um Zahlen handelt!

Ein wichtiger Code, mit dem die Zeichen der Schreibmaschine in binärer Form dargestellt werden können, ist der ASCII-Code. Die Abkürzung steht für American Standard Code for Information Interchange. Dieser amerikanische Standardcode für Informationsaustausch ist ein Code, der aus 7 Stellen besteht, ist also ein 7-Bit-Code. Es lassen sich

Tab. 1.5 Beispiele für den ASCII-Code

Zeichen	Bitfolge	Dez	Hex	Zeichen	Bitfolge	Dez	Hex
A	0100 0001	65	41	0	0011 0000	48	30
B			42	1			31
C	0100 0011			2	0011 0010		
a		97		8			38
b	0110 0010			9		57	
c			63	(	0010 1000		
.		46		)			29

deshalb 2^7, also 128 Zeichen darstellen. Es ist mit diesem Code möglich, alle Buchstaben, Ziffern und einige Sonderzeichen zu verschlüsseln.

Bei der Aufstellung der 0,1-Bitfolgen, die das Zeichen repräsentieren, ist die Zuordnung der Bitfolgen im Prinzip willkürlich und hat nichts mit den aus den gleichen Bitfolgen gebildeten Zahlen zu tun.

Zum Merken der jeweiligen Binärdarstellung der ASCII-Zeichen ist es üblich, den Code wie einen Zahlencode zu lesen, also den einzelnen Stellen die Wertigkeiten der Zweierpotenzen zuzuordnen, die (willkürliche) Bitfolge also als „Zahl" zu interpretieren. Daher kann man die Darstellung für das „A" (0100 0001) wie eine Dualzahl als $41_{HEX} = 65_{DEZ}$ lesen. Man sagt: Der Code für A ist 41_{HEX} oder 65, obwohl das eigentlich falsch ist. Sie wissen nun, dass es sich bei den Zeichen des ASCII-Codes nicht um Zahlen sondern um Symbole, Codes handelt!

Übung 1.12

Ergänzen Sie in der ASCII-Tab. 1.5 die fehlenden Werte.

1.14 Dualcode – Dualzahl

Eine Dual*zahl* ist nicht das gleiche wie ein Dual*code*! Achten Sie genau auf den Unterschied zwischen beiden:

Dualcode Bei einem Dualcode, wie zum Beispiel dem ASCII-Code, wird kein bestimmter Zahlenwert dargestellt. Es werden die beiden verschiedenen Zeichen „0" und „1" benutzt, sie ergeben aber keine Wertigkeit. Die Reihenfolge der Zeichen im Code ist „willkürlich". Durch Vereinbarung in einer Norm ist die Bedeutung der einzelnen Codezeichen festgelegt.

Dualzahl Bei einer Dualzahl werden die beiden Zahlenzeichen „0" und „1" verwendet. Jede Stelle ist mit der jeweiligen Wertigkeit der 2er-Potenz zu multiplizieren; dadurch erhält man den Wert der Dualzahl.

1.15 Signale

Wissenschaftlich gesehen ist ein Signal die physikalische Darstellung einer Nachricht. Das Signal überträgt Informationen von einem Sender zu einem Empfänger. Der Sender kann z. B. ein Thermoelement oder ein Füllstandsgeber sein. Diese Signalgeber nennt man auch „Sensoren". Der Empfänger ist der Computer oder das SPS-Automatisierungsgerät.

Die Signale ermöglichen einen Informationsaustausch. Dies gilt sowohl für die Natur als auch für unsere technische Welt. Signale und Signalübertragung hat es schon immer gegeben. Informationsaustausch kann über kurze Entfernungen durch die Sprache oder durch Gesten erfolgen. Über größere Entfernungen verwendet man Rauchzeichen, Trommeln, Lichtsignale, elektrische Impulse usw.

Ein Computer, der Informationen, d. h. eigentlich Signale, verarbeitet, kann heute ausschließlich mit elektrischen Signalen umgehen. Die wenigsten Signale liegen aber ursprünglich in elektrischer Form vor. Damit der Computer mit ihnen arbeiten kann, müssen sie erst in elektrische Größen wie Spannung oder Strom umgewandelt werden.

Die elektrischen Signale, mit denen heute ein Computer arbeitet, haben binären Charakter: sie nehmen nur zwei verschiedene Zustände an, nämlich ‚Strom' oder ‚kein Strom'; ‚Spannung' oder ‚keine Spannung'; ‚0' oder ‚1'; ‚low' oder ‚high', weil sich solche Binärsignale technisch besonders einfach realisieren lassen. Diese Binärsignale können z. B. von Grenzsignalgebern erzeugt werden. Die Signale könnten dann sein: maximaler Pegel erreicht oder nicht erreicht.

Logische Funktionen und Boolesche Algebra

Zusammenfassung

Im vorigen Kapitel haben wir beschrieben, wie die digitalen Signale verwendet werden können um Dualzahlen oder Binäre Codes darzustellen. Die Digitalen Signale nehmen genau zwei verschiedene Zustände an, die entweder dem Zahlenvorrat (0,1) der Dualzahlen oder den binären Zuständen (0,1) der Codes zugeordnet werden können.

Aber auch die Logik kommt mit zwei verschiedenen Zuständen aus: eine Aussage kann zutreffen, also richtig (wahr) sein, oder sie kann nicht zutreffen, also unrichtig (falsch) sein. Die beiden logischen Zustände ‚wahr' und ‚falsch' lassen sich daher ebenfalls, wie die Dualzahlen durch binäre Signale ausdrücken. Wegen dieser Tatsache werden oft die Binärzahlen und die Logiksignale verwechselt.

In den Abschn. 2.1 bis 2.11 lernen Sie logische Funktionen kennen. Sie sehen wie die Signale von Sensoren ausgewertet und verknüpft werden können. Zunächst werden Signalgeber betrachtet, die nur zwei unterschiedliche Signale abgeben (z. B. ‚Ein'/‚Aus', ‚Offen'/‚Geschlossen', ‚Bereich unterschritten'/‚überschritten').

In den Abschn. 2.12 bis 2.19 erfahren Sie einige Möglichkeiten, wie eine logische Funktion durch logische Schaltglieder realisiert werden kann. Dieses Vorgehen nennt man „Schaltungssynthese". Das Verhalten des Prozesses kann in einer Logiktabelle festgehalten werden. Aus dieser Tabelle kann die Kombination von logischen Schaltelementen hergeleitet werden. Meistens entsteht dabei aber nicht direkt die einfachste Schaltung, d. h. die Schaltung mit der geringstmöglichen Anzahl von Schaltgliedern. Sie erhalten einen kleinen Einblick die Methoden der Schaltungsvereinfachung in den Abschn. 2.20 bis 2.22.

Aus den Grundfunktionen: Negation, UND- und ODER-Verknüpfung lassen sich alle logischen Verknüpfungen zusammensetzen. Einige dieser zusammengesetzten Funktionen sind in der Technik sehr wichtig und werden daher wie Grundfunktionen eingesetzt.

© Springer-Verlag Berlin Heidelberg 2015

H.-J. Adam, M. Adam, *SPS-Programmierung in Anweisungsliste nach IEC 61131-3*,
DOI 10.1007/978-3-662-46716-9_2

Abb. 2.1 Negation

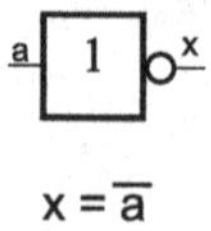

$$x = \overline{a}$$

a	x
0	1
1	0

2.1 Negation (NICHT-Funktion)

Funktionsgleichung: $X = \neg a$ oder $X = \bar{a}$

Diese Funktion gibt immer das Gegenteil der Eingangsgröße aus (Abb. 2.1). Die Ausgangsvariable X hat immer den entgegengesetzten Wert wie die Eingangsvariable a. Als Beispiel könnten Sie sich den Satz ‚Es regnet, dann ist es nicht trocken.' vorstellen. Die Eingangsgröße ‚Regen' ergibt als Ausgangsgröße ‚trocken', aber negiert. Die Funktionsgleichung kennzeichnet die Negation mit einer Überstreichung des Variablenbezeichners. Sprechen Sie das so: „X ist gleich a nicht", also die Überstreichung wird als angehängtes ‚nicht' gesprochen.

2.2 Identität (GLEICH-Funktion)

Funktionsgleichung: $X = a$

Die Ausgangsvariable X hat den gleichen Wert wie die Eingangsvariable a (Abb. 2.2). Dies scheint zunächst sinnlos zu sein; es kommt jedoch häufig vor, dass zwei Negationen aus technischen Gründen nacheinander auftreten, die sich dann gegenseitig „aufheben" und so insgesamt die Gleich-Funktion darstellen. Manchmal benötigt man auch einen Verstärker für ein zu schwaches logisches Signal. Wenn dieser Verstärker als Gleichfunktion ausgeführt wird, wird das logische Signal nicht verändert sondern lediglich verstärkt.

Übung 2.1 (EQUAL21[1])

Bilden Sie die Gleichfunktion aus zwei Nicht-Funktionen!

Abb. 2.2 Identität

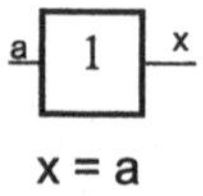

$$x = a$$

a	x
0	0
1	1

---

[1] Wenn Sie einen Digitaltrainer (Baukasten) zur Verfügung haben, können Sie die Aufgaben mit diesem durchführen. An Stelle eines Hardwarebaukastens können Sie auch ein Simulationsprogramm für den PC verwenden.
Für viele Übungen finden Sie Lösungsvorschläge auf der Webseite der Autoren unter dem Namen, der in Klammern hinter der Übungsnummer angegeben ist.

Abb. 2.3 Konjunktion

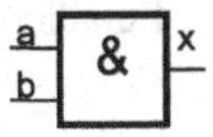

a	b	x
0	0	0
1	0	0
0	1	0
1	1	1

$$x = a \wedge b$$

2.3 Konjunktion (UND-Funktion, AND-Funktion)

Funktionsgleichung: $X = a \wedge b$

Die Ausgangsvariable ist dann ‚1‘, wenn alle Eingangsvariablen ‚1‘ sind (Abb. 2.3). Die UND-Verknüpfung sagt aus, dass ein Ereignis nur auftritt, wenn alle Bedingungen gleichzeitig erfüllt sind. Sprachlich können Sie das so ausdrücken: „Wenn es regnet UND ich hinausgehe, nehme ich den Schirm."

In der Funktionstabelle für „UND" ist beim Ausgang nur eine Eins.
Merkregel: Das Symbol „∧" für „UND" können Sie so lesen: „*U*nten" offen.

Übung 2.2 (AND21)

Überprüfen Sie die Grundverknüpfung UND mit dem Digitaltrainer. Treffen Sie für den Zustand der Lampe die Zuordnungen: 0 = 'aus' und 1 = 'ein'.

2.4 Heizungsregelung (Zweipunktregelung)

Um die Raumtemperatur gleichmäßig zu halten, können Sie so vorgehen: immer dann, wenn es warm genug ist die Heizung ausschalten, und wenn die gewünschte Temperatur unterschritten wird wieder einschalten. Dieses nennt man eine Zweipunktregelung. Diese Regelung ist sehr einfach zu verwirklichen; deshalb wird sie sehr häufig angewendet. Als Sensor kann ein Bimetallschalter dienen, der bei Überschreiten eines Höchstwertes einen Kontakt öffnet und bei Unterschreiten eines Mindestwertes den Kontakt wieder schließt und damit die Heizung einschaltet. Auf diese Weise kann die Temperatur nahezu konstant gehalten werden.

Die beiden Zustände des Sensors (Schalter offen/geschlossen) dienten mir hier aber zunächst nur zur Beschreibung des Prinzips. In der Realität müssen die Geber natürlich Signale erzeugen, die den Bedingungen für ‚1‘ bzw. ‚0‘ entsprechen. Bei der Anwendung in einer logischen Schaltung gibt also der Sensor stets ein logisches Signal ab.

Abb. 2.4 Zu Übung 2.3

Funktionstabelle:

t	s	Y
0	0	
0	1	
1	0	
1	1	

Logikplan:

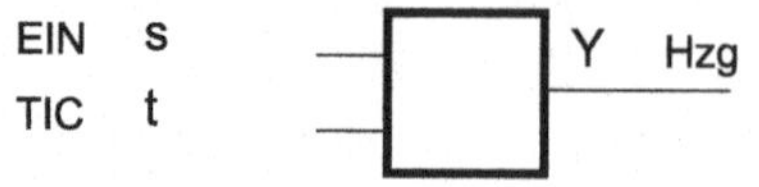

EIN   s

TIC   t

Y   Hzg

Funktionsgleichung: _____

Übung 2.3 (HEAT21[2])

Über ein Kontaktthermometer als Grenzsignalgeber soll ein Reaktionsgefäß bei ein-geschalteter Heizung auf konstanter Temperatur gehalten werden. Entwickeln Sie die Funktionstabelle, den Logikplan und die Funktionsgleichung. Überprüfen Sie das Er-gebnis mit dem Digitaltrainer.

```
Verwenden Sie folgende Zuordnungen:
S = 1: EIN Heizung-Hauptschalter eingeschaltet
t = 1: TIC Temperatur nicht erreicht
Y = 1: Hzg Aufheizen
```

Übung 2.4 (MIXER21)

Lassen Sie eine Leuchtdiode ein Signal „Prozess Ok" ($x = 1$) anzeigen, wenn ein Rührer läuft ($a = 1$) und der Füllstand erreicht ist ($b = 1$). Funktionstabelle und Logikplan siehe Abb. 2.4.

2.5   Negation des Eingangs

Funktionsgleichung: $y = a \wedge \overline{b}$

Übung 2.5 (ALARM21)

Erstellen Sie Funktionstabelle, Logikplan und Funktionsgleichung für folgendes Pro-blem: Es soll ein Alarm ($Y = 1$) ausgelöst werden, wenn ein Rührer eingeschaltet ($a = 1$) und der Füllstand noch nicht erreicht ist! ($b = 1$: Füllstand erreicht). Bei die-ser Aufgabe liegt am Eingang b gewissermaßen das „Gegenteil" an wie in der vorigen Übung 2.4.

Zur Lösung können Sie zunächst die Funktionstabelle aufstellen (siehe Abb. 2.5). Fügen Sie auch eine Spalte mit „b nicht" ($\overline{b}$) hinzu; dann können Sie die Ergebnisspalte für y ganz leicht bilden. In der Ergebnisspalte erscheint drei mal die ‚Null' und nur ein einziges mal die ‚Eins'. Die Aufgabe kann also mit einem UND-Glied gelöst werden. Testen Sie Ihr Ergebnis mit dem Digitaltrainer!

---

[2] Die zu dieser Übung gehörige Zeichnung (Abb. 2.4) ist nicht vollständig. Es ist bei dieser und bei vielen weiteren Übungen Teil Ihrer „Hausaufgabe", die Zeichnung zu ergänzen. (Lösungen siehe Website der Autoren)

Abb. 2.5 zu Übung 2.5

a	b	b̄	y
0	0	1	0
1	0	1	1
0	1	0	0
1	1	0	0

2.6 Mehr als zwei Eingangsvariable

Funktionsgleichung: $X = a \wedge b \wedge c$

Wenn nur zwei Eingangsvariable a und b auftreten, gibt es insgesamt vier verschiedene Kombinationen. Diese vier Kombinationen können Sie mit einem dritten Eingang c kombinieren (Abb. 2.6) Wählen zunächst diesen Eingang zu ‚0‘ und dann zu ‚1‘, so erhalten sie jeweils vier Kombinationen (Abb. 2.7).

Bei drei Variablen erhalten Sie acht verschiedene Kombinationsmöglichkeiten, also doppelt so viele wie bei zwei Eingängen. Die Funktionstabelle besteht folglich aus 8 Zeilen. Mit jeder weiteren Variablen wird die Anzahl der Kombinationen wieder verdoppelt.

2.7 UND-Verknüpfung als Datenschalter

Mit Hilfe der UND-Verknüpfung können Sie einen „Datenschalter" realisieren. Das heißt Sie erhalten die Möglichkeit, mit einem logischen Signal ein anderes logisches Signal ein- und auszuschalten. Unter anderem ist hierfür eine sinnvolle Anwendung das Schalten eines periodischen Signals (Blinksignal). Mit dem zweiten Signal kann dann eine Leuchtdiode auf „Blinklicht" oder auf „aus" geschaltet werden.

Wie bauen Sie nun solch einen Schalter? Betrachten Sie die Funktionstabelle für das UND-Glied und vergleichen Sie den Ausgang x mit dem Eingang b (Abb. 2.8). Konzen-

Abb. 2.6 Drei Eingänge

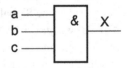

Abb. 2.7 Funktionstabelle bei drei Variablen

a	b	c	Y
0	0	0	0
1	0	0	0
0	1	0	0
1	1	0	0
0	0	1	0
1	0	1	0
0	1	1	0
1	1	1	1

Abb. 2.8 UND-Verknüpfung
als Datenschalter

a	b	x
0	0	0
0	1	0
1	0	0
1	1	1

Abb. 2.9 Schaltbild „Datenschalter"

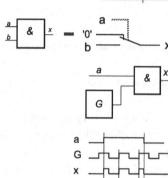

Abb. 2.10 „Blinker": Das
Generatorsignal G ist ein- und
ausschaltbar am Eingang a.

Abb. 2.11 Beispiel für Signal-
verlauf bei einem Blinker nach
der Schaltung in Abb. 2.10.

trieren Sie sich zunächst auf die beiden Zeilen, in denen $a = 0$ ist. Der Ausgang x ist stets
‚Null', der Eingang b ist somit „blockiert" (Abb. 2.9).

Betrachten Sie nun die beiden Zeilen mit $a = 1$. Erkennen Sie, dass in diesem Fall stets
$x = b$ gilt, der Eingang b gewissermaßen direkt auf den Ausgang x „durchgeschaltet" ist?
Im anderen Fall ist der Ausgang x ständig ‚0'.

Das UND-Glied kann als Schalter für digitale Signale dienen:
Der „Schalter" ist der Eingang a, das zu schaltende Signal wird an b gelegt.
Im *Aus*geschalteten Zustand ist der Ausgang „0".

Beispiel 2.1 (Blinksignal schalten)

Um eine Leuchtdiode als Blinksignal zu schalten, benötigt man einen Generator für
das periodische Signal und ein Ein/Aus-Signal, welches an den Eingang a des UND-
Gliedes gelegt wird. Die Schaltung ist in Abb. 2.10 gezeigt. Die Leuchtdiode wird am
Ausgang x angeschlossen. Der zeitliche Verlauf der einzelnen Signale kann damit so
dargestellt werden: Das Signal des Generators gelangt nur solange an den Ausgang x,
solange das Signal $a = 1$ ist. In Abb. 2.11 sehen Sie einen beispielhaften Verlauf
des Ausgangssignals: Die Pulse vom Generator „kommen durch" solange der Eingang
$a = 1$ ist.

Übung 2.6 (FLASH21)

Bauen Sie mit dem Digitaltrainer eine Schaltung auf, bei der Sie mit einem Schalter
das Blinksignal ein- und ausschalten können.

2.8 Disjunktion (ODER-Funktion, OR-Funktion)

Funktionsgleichung: $X = a \vee b$

Bei dieser Funktion werden zwei (oder mehr) Eingangsvariablen verknüpft. Die Ausgangsvariable ist stets dann 1, wenn eine oder mehr Eingangsvariablen 1 sind. Ein Ereignis soll also bereits dann eintreten, wenn wenigstens eine der Bedingungen erfüllt ist. Sprachlich entspricht dem etwa der Satz: „Wenn es regnet ODER schneit, nehme ich den Schirm." (Abb. 2.12)

> In der Funktionstabelle für „ODER" ist beim Ausgang nur eine Null.
> In der Funktionstabelle für „ODER" ist beim Ausgang außer 1-mal alles Eins.
> *Merkregel:* Das Symbol „$\vee$" für „ODER" können Sie so lesen: „*O*ben" offen.

Sie könnten den Zusammenhang zwischen Aus- und Eingängen auch anders herum ausdrücken: Der Ausgang x ist ‚Null', wenn die beiden Eingänge a und b ‚Null' sind. Aber Achtung, wenn Sie das so sehen, könnten Sie die beiden Glieder UND und ODER verwechseln. Um diese Verwechslungsgefahr auszuschließen ist es üblich, immer nur diejenigen Fälle zu betrachten, in denen der Ausgang x gleich ‚Eins' ist.

Mehr als zwei Eingangsvariable

Funktionsgleichung: $Y = a \vee b \vee c$

Betrachten Sie hierzu Abb. 2.13. Wie immer bei der ODER-Funktion steht in der Ergebnisspalte nur eine einzige Null.

2.9 ODER-Verknüpfung als Datenschalter

Betrachten Sie nun anhand der Funktionstabelle für die ODER-Verknüpfung die Steuerung des Ausgangs durch die Variable a. Konzentrieren Sie sich wieder auf die beiden

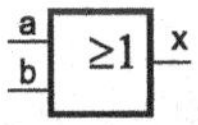

Abb. 2.12 Disjunktion

$x = a \vee b$

a	b	x
0	0	0
1	0	1
0	1	1
1	1	1

Abb. 2.13 Funktionstabelle
für ODER mit drei Eingängen.

a	b	c	Y
0	0	0	0
1	0	0	1
0	1	0	1
1	1	0	1
0	0	1	1
1	0	1	1
0	1	1	1
1	1	1	1

Zeilen mit $a = 0$ bzw. $a = 1$! Im „nichtdurchgeschalteten" Zustand ist der Ausgang ‚1'.
Das ODER-Glied kann als Schalter für digitale Signale dienen.
Im *Aus*geschalteten Zustand ist der Ausgang „1".

Übung 2.7 (FLASH22)

Bauen Sie nun eine Blinkschaltung mit Ein-/Ausschaltmöglichkeit mittels ODER-Glied. Zeichnen Sie den zeitlichen Verlauf der Signale.
Vergleichen Sie die Signale mit denen aus Abschn. 2.7!
Zeigen Sie an Hand der Funktionstabellen die unterschiedliche Wirkung auf das Ausgangssignal x bei der UND- bzw. ODER-Verknüpfung als Datenschalter.

2.10 NAND-Funktion (Negation der AND-Funktion)

Funktionsgleichung: $X = \overline{a \wedge b}$

Wenn Sie 'den Ausgang einer UND-Verknüpfung noch durch einen Negierer invertieren
(umkehren), dann erhalten Sie die NOT-AND = NAND-Verknüpfung (Abb. 2.15).

Übung 2.8 (NAND21)

Bilden Sie eine NAND-Funktion aus einer UND und einer NICHT-Funktion mit dem
Digitaltrainer und überprüfen Sie die Funktionstabelle.

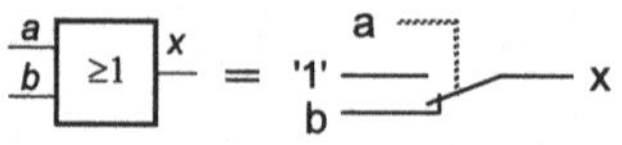

Abb. 2.14 Datenschalter mit ODER-Verknüpfung realisiert

Abb. 2.15 NAND

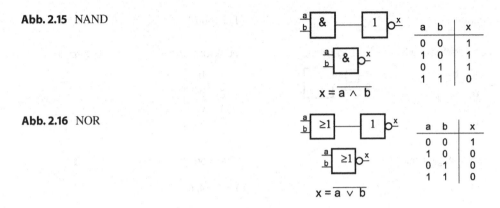

$$x = \overline{a \wedge b}$$

a	b	x
0	0	1
1	0	1
0	1	1
1	1	0

Abb. 2.16 NOR

$$x = \overline{a \vee b}$$

a	b	x
0	0	1
1	0	0
0	1	0
1	1	0

2.11   NOR-Funktion (Negation der OR-Funktion)

Funktionsgleichung: $X = \overline{a \vee b}$

Wenn Sie den Ausgang einer ODER-Verknüpfung noch durch einen Negierer invertieren (umkehren), dann erhalten Sie die NOT-OR = NOR-Verknüpfung (Abb. 2.16).

Übung 2.9 (NOR21)

Bilden Sie eine NOR-Funktion aus einer ODER und einer NICHT-Funktion mit dem Digitaltrainer und überprüfen Sie die Funktionstabelle.

Übung 2.10 (LOGIK21)

Erstellen Sie zu jeder der folgenden Funktionstabellen den Logikplan und die Funktionsgleichung, bzw. ergänzen Sie die fehlenden Teile. Überprüfen Sie jedesmal das Ergebnis mit Hilfe des Digitaltrainers!

Funktionstabellen, Logikpläne und Funktionsgleichungen zu Übung 2.10:

Funktion 1

Funktion 2

Funktionstabelle 1:   Logikplan:

a	b	x
0	0	
1	0	
0	1	
1	1	

Funktionstabelle 2:   Logikplan:

a	b	x
0	0	0
1	0	1
0	1	0
1	1	0

Funktionsgleichung: $x = a \wedge b$

Funktionsgleichung:

Funktion 3			Funktion 4		

Funktion 3

Funktionstabelle 3:   Logikplan:

a	b	x
0	0	
1	0	
0	1	
1	1	

Funktionsgleichung:

Funktion 4

Funktionstabelle 4:   Logikplan:

a	b	x
0	0	
1	0	
0	1	
1	1	

Funktionsgleichung: $x = \overline{a} \wedge \overline{b}$

Funktion 5

Funktionstabelle 5:   Logikplan:

a	b	x
0	0	
1	0	
0	1	
1	1	

Funktionsgleichung:

Funktion 6

Funktionstabelle 6:   Logikplan:

a	b	x
0	0	
1	0	
0	1	
1	1	

Funktionsgleichung: $x = \overline{a} \vee b$

Funktion 7

Funktionstabelle 7:   Logikplan:

a	b	x
0	0	1
1	0	1
0	1	0
1	1	1

Funktionsgleichung:

Funktion 8

Funktionstabelle 8:   Logikplan:

a	b	x
0	0	
1	0	
0	1	
1	1	

Funktionsgleichung:

Übung 2.11 (LOGIK22)

Vergleichen Sie das Ergebnis aus Übung 2.5 mit der Funktionstabelle 2 aus Übung 2.10. Formulieren Sie für andere Funktionen der Übung 2.10 ähnliche Anwendungsbeispiele!

2.12   Erstellen einer Funktion aus der Funktionstabelle

Bei den bisherigen Übungen mit den UND bzw. ODER-Gliedern trat in der Ausgangs-spalte immer nur *eine* einzige ‚Eins' oder nur *eine* ‚Null' auf. Wenn mehr als eine ‚Eins' im Ergebnis auftritt, dann kann die Funktion nicht durch eine einfache UND bzw. ODER-Schaltung realisiert werden, sondern nur durch eine Kombination aus beiden. Wie können

Abb. 2.17 Funktionstabelle
zur Rührwerkschaltung

a	b	X		a	b	X_2	X_1
0	0	0		0	0	0	0
1	0	1	$\equiv$	1	0	1	0
0	1	1		0	1	0	1
1	1	0		1	1	0	0

wir nun diese Kombinationsschaltung ermitteln? Diese Frage führt uns auf den Begriff der Minterme bzw. der Maxterme. In der Praxis ist die Anwendung dieser Terme ganz einfach: Sie brauchen nur die Gesamtfunktion in Teilfunktionen (nämlich den Min- bzw. Maxtermen) zerlegen, welche dann zusammengesetzt werden.

Funktionen beschreiben den Zusammenhang von Ausgangswert und Eingangswert(en). Allgemein kann dieser Zusammenhang durch Gleichungen symbolisch beschrieben werden. Links vom Gleichheitszeichen wird meist der Ausgangswert, rechts vom Gleichheitszeichen werden die Eingangswerte und deren Zusammenhang geschrieben. Bei den logischen Funktionen werden die Regeln durch die „Boolesche Algebra" beschrieben. Hier können nur eine ganz bestimmte Zahl von Werten und deren Kombination auftreten. Daher kann bei logischen Funktionen der Zusammenhang von Aus- und Eingängen auch in Form von Funktionstabellen dargestellt werden.

Beispiel 2.2 (Rührwerk mit Einschaltsicherung)

Ein Rührwerk darf nur dann eingeschaltet werden ($X = 1$), wenn der Füllstand erreicht ist ($a = 1$) und das Zulaufventil geschlossen ist ($b = 0$) oder der Füllstand nicht erreicht und das Ventil geöffnet ist.

Bei dieser Aufgabe erhalten Sie in der Ausgangsspalte für X zweimal eine ‚1'. Damit Sie nur eine einzige ‚1' erhalten (und damit die UND-Verknüpfung anwenden können) zerlegen Sie die Funktion X in die „Teilfunktionen" X_1 und X_2, die jeweils nur eine ‚1' enthalten und folglich durch UND-Verknüpfungen der beiden Eingänge realisiert werden können. Gegebenenfalls müssen einer oder beide Eingänge negiert werden. Das Erstellen dieser Funktionen für zwei Eingänge haben Sie schon ausführlich in der Übung 2.10 geübt.

Um die vollständige Funktion für X zu erhalten, müssen in einem zweiten Schritt die Teilfunktionen mit einer ODER-Funktion verknüpft werden (Abb. 2.17).

Für das Beispiel 2.2 ergeben sich nacheinander die Funktionsgleichungen 2.1 bis 2.3. Das Ergebnis ist in Abb. 2.18 dargestellt.

$$X_1 = (\overline{a} \wedge b) \tag{2.1}$$

$$X_2 = (a \wedge \overline{b}) \tag{2.2}$$

$$X = X_1 \vee X_2 = (\overline{a} \wedge b) \vee (a \wedge \overline{b}) \tag{2.3}$$

Abb. 2.18 Lösung für Beispiel 2.2: EXOR

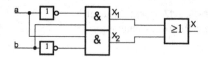

Wenn in der Ergebnisspalte der Funktionstabelle mehr als eine ‚1' steht,
werden so viele Teilfunktionen gebildet, dass jede nur eine ‚1' enthält.
Die Teilfunktionen werden mit ODER verknüpft.

2.13 EXOR-Verknüpfung (Antivalenz)

Funktionsgleichung: $X = (\overline{a} \wedge b) \vee (a \wedge \overline{b}) = a \underline{\vee} b$

Die in Beispiel 2.2 erstellte Funktion ist auch unter dem Namen EXOR bekannt. Der
Name steht für Exklusiv ODER. Sie hat ein eigenes Schaltzeichen (Abb. 2.19). Beachten
Sie, dass bei dieser Funktion im Gegensatz zum „gewöhnlichen" ODER der Ausgang nur
dann ‚Eins' ist, wenn entweder der eine oder der andere Eingang ‚Eins' ist.

2.14 Disjunktive Normalform (UND-vor-ODER), Minterme

Normalerweise wird immer zuerst die Funktionstabelle erstellt. Wie Sie daraus die Schaltung entwickeln können haben wir bereits im Beispiel ‚Rührwerk' gesehen. Wir erhielten
die EXOR- oder Antivalenzschaltung. (Abb. 2.18 und Abb. 2.20)

Wir hatten die Funktionsgleichung erhalten, indem wir die Zeilen betrachteten in denen
das Ergebnis $X = 1$ ist. Diese Gleichungen nennt man „Minterme". Sie entstehen jeweils
durch UND-Verknüpfung der Eingangswerte; wenn ein Eingangswert ‚0' ist, muss die
entsprechende Variable negiert werden:

$$X_1 = \overline{a} \wedge b \qquad\qquad (2.4)$$

$$X_2 = a \wedge \overline{b} \qquad\qquad (2.5)$$

Abb. 2.19 EXOR

a	b	x
0	0	0
1	0	1
0	1	1
1	1	0

$x = a \vee b$

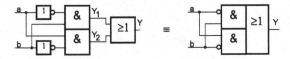

Abb. 2.20 Logikplan EXOR: Darstellungsvarianten

Diese beiden Teilgleichungen werden dann mit ODER verknüpft.
Wir erhalten also eine Gleichung in der Form UND-vor-ODER:

$$X = X_1 \vee X_2 \tag{2.6}$$

$$X = (\overline{a} \wedge b) \vee (a \wedge \overline{b}) \tag{2.7}$$

2.15 Kurzdarstellung des Logikplans

Zur übersichtlicheren Darstellung können die Symbole der einzelnen Schaltglieder aneinander grenzend gezeichnet werden. Die Negationen können auch direkt am Eingang dargestellt werden. Die beiden Schaltungen in Abb. 2.20 zeigen beide Darstellungsarten.

Übung 2.12 (LOGIK23)

Erstellen Sie zu jeder der folgenden Funktionen 9 bis 14 die Funktionstabelle, den Logikplan und die Funktionsgleichung, bzw. ergänzen Sie die fehlenden Teile.
Überprüfen Sie jedes Mal das Ergebnis mit Hilfe des Digitaltrainers!

Funktion 9 zu Übung 2.12

Funktionstabelle 9:   Logikplan:

a	b	Y	Y_1	Y_2
0	0	0	0	0
1	0	0	0	0
0	1	1	1	0
1	1	1	0	1

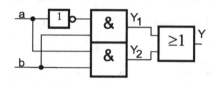

Funktionsgleichung:

Funktion 10 zu Übung 2.12

Funktionstabelle 10:   Logikplan:

a	b	Y	Y_1	Y_2
0	0	1		
1	0	1		
0	1	0		
1	1	0		

Funktionsgleichung:

Funktion 11 zu Übung 2.12

Funktionstabelle 11:   Logikplan:

a	b	Y	Y_1	Y_2
0	0			
1	0			
0	1			
1	1			

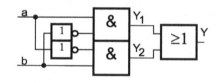

Funktionsgleichung:

Funktion 12 zu Übung 2.12

Funktionstabelle 12:   Logikplan:

a	b	Y	Y_1	Y_2
0	0			
1	0			
0	1			
1	1			

Funktionsgleichung: $Y = Y_1 \lor Y_2 = (\overline{a} \land \overline{b}) \lor (a \land b)$

Funktion 13 zu Übung 2.12

Funktionstabelle 13:   Logikplan:

a	b	Y	Y_1	Y_2
0	0			
1	0			
0	1			
1	1			

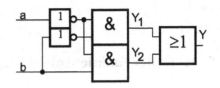

Funktionsgleichung:

Funktion 14 zu Übung 2.12

Funktionstabelle 14:   Logikplan:

a	b	Y	Y_1	Y_2
0	0		0	0
1	0		1	0
0	1		0	0
1	1		0	1

Funktionsgleichung:

2.16 Wechselschaltung

Sicherlich kennen Sie die Anwendung einer Wechselschaltung: In einem Flur soll das Licht von zwei Schaltern aus bedienbar sein. So eine Wechselschaltung kann mit zwei Schaltern realisiert werden, welche jeweils die logischen Signale „0" oder „1" abgeben. Durch Ändern des Signals an einem der Schalter wird die Lampe ein- bzw. ausgeschaltet.

Übung 2.13 (SWITCH21)

Realisieren Sie eine Wechselschaltung mit Hilfe von Funktionsgliedern.
Erstellen Sie Funktionstabelle, den Logikplan und die Funktionsgleichung.
Zur Realisierung gehen Sie davon aus, dass die Lampe aus ist, wenn beide Schalter in der Stellung ‚0' sind. Ergänzen Sie zuerst die Funktionstabelle in Abb. 2.21.

Abb. 2.21 Wechselschaltung
zu Übung 2.13

a	b	Y
0	0	0
1	0	
0	1	
1	1	

```
Teile der Schaltung:
Schalter a,
Schalter b,
Lampe Y
```

2.17 Erstellen der Funktionsgleichung bei mehr als zwei Eingängen

Das in Abschn. 2.12 beschriebene Verfahren zur Erstellung der Funktionsgleichung klappt
natürlich in gleicher Weise auch bei Funktionstabellen, die mehr als zwei Eingangsgrößen
enthalten. Jede Teilfunktion enthält nur eine einzige Zeile mit einer ‚1'. Das Ergebnis ist
die ODER-Verknüpfung dieser Minterme.

Übung 2.14 (MINTERM21)

Erstellen Sie für die in Abb. 2.22 gezeigte Schaltung zuerst die Funktionstabelle und
dann daraus mit Hilfe der Minterme die Funktionsgleichung.

2.18 Kreuzschaltung

Wenn zur Lichtschaltung zwei Schaltstellen nicht ausreichen, dann kann eine Wechselschaltung zu einer Kreuzschaltung erweitert werden, so dass eine Lampe von drei und
mehr Stellen aus geschaltet werden kann. Wird nur ein beliebiger Schalter umgeschaltet,
wird die Lampe geschaltet. Wenn zwei Schalter gleichzeitig umgeschaltet werden, ändert
sich der Zustand der Lampe nicht.

Übung 2.15 (SWITCH22)

Realisieren Sie eine Kreuzschaltung für drei Schalter mit Hilfe von Funktionsgliedern. Erstellen Sie die Funktionstabelle, den Logikplan und die Funktionsgleichung
(Abb. 2.23).

Abb. 2.22 Schaltung
und Funktionstabelle zu
Übung 2.14

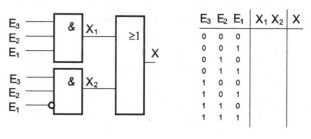

E_3	E_2	E_1	X_1	X_2	X
0	0	0			
0	0	1			
0	1	0			
0	1	1			
1	0	0			
1	0	1			
1	1	0			
1	1	1			

Funktionsgleichung: _____

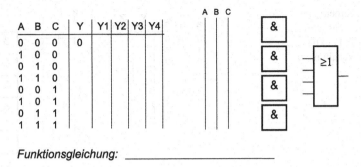

Funktionsgleichung: _____

Abb. 2.23 Funktionstabelle und Schaltung zu Übung 2.15

Beginnen Sie wieder mit der Vorgabe: alle Schalter in Stellung ‚0' bedeutet Lampe aus. Ausgehend von dieser Zeile ergänzen Sie weitere Zeilen in der Funktionstabelle, indem Sie Zeilen suchen, bei denen sich nur ein Schalterzustand ändert. Dann muss sich auch der Lampenzustand ändern. Sie können so nach und nach alle Zeilen der Funktionstabelle ausfüllen.

```
Teile der Schaltung:
Schalter A,
Schalter B,
Schalter C,
Lampe Y
```

2.19   Zwei- aus Drei-Leiterschaltung

Ganz sensible Einrichtungen dürfen nur im äußersten Notfall abgeschaltet werden, wenn etwa ein Unfall eintreten könnte. In anderen Fällen muss auf jeden Fall eine sichere Überwachung stattfinden, so dass auch Fehler der Überwachungseinrichtung keinen negativen Einfluss haben können. Für beide Fälle kann durch Anwendung von drei unterschiedlichen Sensoren für den gleichen Messwert die Sicherheitsanforderung erfüllt werden. Wenn beispielsweise die Überschreitung einer kritischen Temperatur überwacht werden soll, würden drei unterschiedliche Thermometer diesen Wert erfassen.

Diese Sicherheitsschaltung, bei der ein Mess- oder Grenzwert dreifach erfasst wird, heißt „Zwei aus Drei-Leiterschaltung". Signalisieren *mindestens zwei* dieser Messsysteme eine Überschreitung des Grenzwertes, so liegt mit hoher Wahrscheinlichkeit keine Fehlmessung vor. Die Sicherungseinrichtung soll wirksam werden. Das kann zum Beispiel durch Abschaltung der Anlage geschehen. Wenn nur einer der Geber eine Grenzwertüberschreitung meldet, *könnte* eine Fehlmessung vorliegen. Dieser Fall soll lediglich durch eine Warneinrichtung angezeigt werden. So lassen sich Fehlalarme vermeiden.

Abb. 2.24 Sicherheitsschaltung (Zwei- aus Drei-
Leiterschaltung): Funkti-
onstabelle und Schaltung zu
Übung 2.16

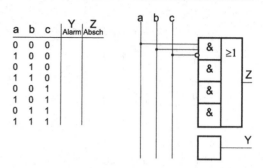

a	b	c	Y Alarm	Z Absch
0	0	0		
1	0	0		
0	1	0		
1	1	0		
0	0	1		
1	0	1		
0	1	1		
1	1	1		

Besonders wichtig ist diese Art der Sicherheitsschaltung für die Überwachung von Prozessen, die kontinuierlich verlaufen sollen und nur im äußersten Notfall abgeschaltet werden dürfen.

Übung 2.16 (ALARM22)

Nur dann, wenn wenigstens zwei der drei Messsysteme eine Grenzwertüberschreitung melden, soll die Sicherheitsabschaltung und Alarm ausgelöst werden. Zeigt nur eines der Messsysteme das Überschreiten des Grenzwertes an, so löst das „nur" den Alarm aus.

Entwickeln Sie die Funktionstabellen, die Logikpläne und die Funktionsgleichungen für die Sicherheitsabschaltung und den Alarm. (Abb. 2.24).

Bei der Funktionstabelle für den Alarm Y gibt es viele ‚1'-er und nur eine einzige Zeile mit einer ‚0'. Das standardmäßige Vorgehen mit den Mintermen wie Sie es bis jetzt gelernt haben funktioniert selbstverständlich, erfordert aber einen riesigen Aufwand, nämlich 7 UND-Glieder mit je 3 Eingängen und ein ODER-Glied mit 7(!!) Eingängen.

Wenn Sie den nicht treiben wollen, können Sie überlegen, durch welche einfache Funktion Y darstellbar ist. Es ist dann nur 1 Schaltglied mit 3 Eingängen erforderlich! Später werden wir für diesen und ähnliche Fälle ein kurzweiligeres Verfahren kennenlernen. (Falls Sie ungeduldig sind, können Sie für weitere Informationen auch schon zum Abschn. 2.22 vorblättern und sich über die ‚Maxterme' und die ‚Konjunktive Normalform' informieren!)

Überprüfen Sie die gefundenen Ergebnisse mit dem Digitaltrainer. Lassen Sie zusätzlich durch einen dritten Ausgang anzeigen, wenn alle 3 Messsysteme die Grenzüberschreitung melden.

2.20   Umformen und Vereinfachen von Funktionen

Zum Realisieren einer bestimmten Funktion sind immer verschiedene Schaltungen möglich. Diese Schaltungen, die die gleiche Funktionstabelle ergeben, heißen „identische Schaltungen".

Abb. 2.25 Überprüfen der
Gleichheit von zwei Funktionen mittels Tabelle

a	b	x_1	x_2	x_3
0	0	1	0	1
1	0	0	1	0
0	1	0	1	0
1	1	0	1	0

Im vorigen Kapitel haben Sie in Übung 2.10, Funktionstabelle 4 folgende Funktionsgleichung ermittelt:

$$X_1 = \overline{a} \wedge \overline{b} \tag{2.8}$$

Diese Funktion ist identisch mit:

$$X_3 = \overline{a \vee b} \tag{2.9}$$

Sie können das leicht an Hand der Funktionstabelle nachprüfen. Schreiben Sie in einer
Spalte die Ergebnisse für X_1, in einer zweiten Spalte die Ergebnisse für $X_2 = a \vee b$ und in
der dritten Spalte für X_3 (Abb. 2.25). Sie brauchen nun nur zu überprüfen, ob die beiden
Spalten X_1 und X_3 gleich sind. (In der Tabelle in Abb. 2.25 ist zur Verdeutlichung noch
die Spalte $X_2 = a \vee b = \overline{X_3}$ eingetragen.) Weil die beiden Spalten X_1 und X_3 gleich sind,
können Sie schließen, dass auch die Funktionen $(\overline{a} \wedge \overline{b})$ und $\overline{(a \vee b)}$ gleich sind!

Um die Gleichheit zweier Funktionen zu überprüfen, kann man in den jeweiligen
Funktionstabellen die Ausgangsspalten miteinander vergleichen.

Übung 2.17 (LOGIK24)

Überprüfen Sie die Gleichheit der beiden Funktionen Y_1 (2.10) und Y_2(2.11), indem Sie
erst die Funktionstabellen in Abb. 2.26 ermitteln und dann die entsprechenden Spalten
vergleichen:

$$Y_1 = (\overline{a} \wedge b \wedge c) \vee (a \wedge \overline{b} \wedge c) \vee (a \wedge b \wedge \overline{c}) \vee (a \wedge b \wedge c) \tag{2.10}$$
$$Y_2 = (a \wedge b) \vee (a \wedge c) \vee (b \wedge c) \tag{2.11}$$

Zeichnen Sie den Logikplan der vereinfachten Funktion und stecken Sie ihn auf dem
Digitaltrainer! Überprüfen Sie die gefundenen Ergebnisse mit dem Digitaltrainer.

Abb. 2.26 Funktionstabelle zu Übung 2.17

a	b	c	Y_1	a∧b	a∧c	b∧c	Y_2
0	0	0	0				
1	0	0	0				
0	1	0	0				
1	1	0	1				
0	0	1	0				
1	0	1	1				
0	1	1	1				
1	1	1	1				

2.21 Boolesche Algebra

Die Regeln, mit denen logische Werte berechnet werden können, werden in der Booleschen Algebra beschrieben. Diese Regeln der Logik wurden von George Boole (1815–1864) aufgestellt. Weil die Boolesche Algebra in der Technik mittels Schaltern realisiert werden kann, nennt man sie auch ‚Schaltalgebra'. Die Werte, die durch die Booleschen Funktionen miteinander verknüpft werden, nennt man Variable. Man kann logische Verknüpfungen durch Tabellen, Formeln (Gleichungen) oder graphische Symbole darstellen.

Die Kenntnis von den Regeln der Booleschen Algebra versetzt Sie in die Lage, kompliziertere Funktionen in einfachere „umwandeln" zu können. Ähnlich wie für die „normale" Algebra existieren Rechenregeln zur Termumwandlung, so dass der Term Y_1 in den Term Y_2 aus dem Beispiel rechnerisch übergeführt werden kann.

Mit Regeln der Booleschen Algebra kann man die Gleichung (2.12) in die Gleichung (2.13) umformen. Sie sollen die Gleichheit dieser beiden Terme in Übung 2.18 durch Tabellenvergleich durchführen.

$$x = (\overline{a} \wedge b) \vee (a \wedge \overline{b}) \tag{2.12}$$

$$= (a \vee b) \wedge (\overline{a} \vee \overline{b}) = y \tag{2.13}$$

Weil zuerst die „inneren" Klammern berechnet werden müssen, nennt man die Darstellung der Funktion x (Abb. 2.27) die *UND-vor-ODER* (die *disjunktive*) Form und die Funktion y die *ODER-vor-UND* (die *konjunktive*) Form. Erstere haben wir bereits in Abschn. 2.14 betrachtet. Die konjunktive Form wird im folgenden Abschn. 2.22 behandelt.

Abb. 2.27 Funktionstabelle zu Übung 2.18 und zu (2.12), (2.13)

a	b	$(\overline{a} \wedge b)$	$(a \wedge \overline{b})$	x	$(a \vee b)$	$(\overline{a} \vee \overline{b})$	y
0	0	0	0		0	1	
0	1	1	0		1	1	
1	0	0	1		1	1	
1	1	0	0		1	0	

Abb. 2.28 Funktionstabelle
zum Erstellen der Glei-
chung (2.14)

a	b	x
0	0	0
1	0	1
0	1	1
1	1	1

Übung 2.18 (LOGIK25)

Ergänzen Sie in der Funktionstabelle aus Abb. 2.27 die Spalten für x und y. Stellen Sie dann die Gleichheit fest. Zeichnen Sie den Logikplan der vereinfachten Funktion und stecken Sie ihn auf dem Digitaltrainer! Überprüfen Sie die gefundenen Ergebnisse mit dem Digitaltrainer.

Beispiel 2.3 (Termumformung)

Hier noch ein zweites Beispiel für die Termumformung: Gegeben ist die Funktionsta-belle aus Abb. 2.28. Nach dem am Anfang dieses Kapitels gelernten Verfahren werten Sie in der Tabelle die Minterme aus und kommen damit auf die Funktion:

$$x = (\overline{a} \wedge b) \vee (a \wedge \overline{b}) \vee (a \wedge b) \tag{2.14}$$

Sie wissen aber bereits, dass diese Funktionstabelle die ODER-Funktion darstellt, also durch $x = a \vee b$ ausgedrückt wird.
Es muss daher gelten:

$$x = (\overline{a} \wedge b) \vee (a \wedge \overline{b}) \vee (a \wedge b) = (a \vee b) \tag{2.15}$$

Wir möchten hier darauf verzichten, die Umformung der Terme ausführlich darzustel-len; es ist aber mittels der Booleschen Algebra die Umformung möglich. Wir beschränken uns hier darauf, die Gleichheit durch Vergleich der beiden Funktionstabellen nachzuwei-sen, was Sie sicher selbstständig durchführen können.

Übung 2.19 (LOGIK26)

Weisen Sie durch Aufstellen und Vergleich der Funktionstabellen die Richtigkeit der Gleichung (2.16) nach:

$$Y_{\text{neu}} = S \vee (\overline{R} \wedge Y_{\text{alt}}) = S \vee \overline{(R \vee \overline{Y_{\text{alt}}})} \tag{2.16}$$

Dies ist eine Vorübung für „Speicherbausteine", die in Abschn. 3.2 genauer untersucht werden.

2.22   Konjunktive Normalform (ODER-vor-UND)

In Abschn. 2.14 haben wir gesehen, dass es eine „disjunktive Normalform" gibt. Es gibt auch eine „konjunktive Normalform". Diese entsteht, wenn Sie in der Funktionstabelle nur die Zeilen mit einer ‚0' im Ergebnis betrachten. Um eindeutig eine ‚0' zu erhalten, müssen die Eingangsvariablen mit ODER verknüpft werden. Nur wenn beide ‚0' sind, ist auch das Ergebnis ‚0'. Diese Terme heißen „Maxterme". In Übung 2.16 stellt Y also einen Maxterm dar.

Die Maxterme müssen mit UND zum Gesamtergebnis zusammengefasst werden. Für das Beispiel in Abb. 2.28 ergibt sich direkt der Term $x = a \vee b$, weil nur *eine einzige* ‚0' in der Ergebnisspalte steht.

Bei diesem Vorgehen werden Variablen also zuerst durch ODER, dann die Ergebnisse mit UND verknüpft. Das nennt man nun die ODER-vor-UND-Verknüpfung. Es kann stets die UND-vor-ODER in die ODER-vor-UND-Verknüpfung umgeformt werden und umgekehrt.

Weil wir in diesem Kurs nicht die Boolesche Algebra lernen, können wir leider nicht mit Hilfe der Schaltalgebra-Regeln die Gleichheit der Terme nachweisen. Sie können aber die Gleichheit der beiden Terme durch Vergleich der Funktionstabellen nachweisen.

Zur Demonstration des Vorgehens beim Entwurf mit Hilfe der Maxterme nehmen wir die bereits bekannte Funktion des EXOR-Gliedes (Abb. 2.17). Damals haben wir die disjunktive Normalform erzeugt, bei der die Teilfunktionen Y_1 und Y_2 jeweils nur eine einzige ‚1' enthielten.

Hier haben wir nun in der Tabelle Abb. 2.30 die Funktionen Y_3 und Y_4 so erzeugt, dass sie jeweils nur eine einzige ‚0' enthalten.

Schauen Sie in der Übung 2.10 nach, dort hatten Sie in den Funktionstabellen 5 und 8 die Funktionen erstellt:

$$Y_3 = a \vee b \tag{2.17}$$

$$Y_4 = \overline{a} \vee \overline{b} \tag{2.18}$$

Abb. 2.29 EXOR: Darstellung in disjunktiver Normalform (UND-vor-ODER) mittels Funktionstabelle

a	b	Y	Y_1	Y_2
0	0	0	0	0
1	0	1	1	0
0	1	1	0	1
1	1	0	0	0

Abb. 2.30 EXOR: Darstellung in konjunktiver Normalform (ODER-vor-UND) mittels Funktionstabelle

a	b	Y	Y_3	Y_4
0	0	0	0	1
1	0	1	1	1
0	1	1	1	1
1	1	0	1	0

Y ist immer dann ‚1‘, wenn sowohl Y_3 als auch Y_4 ‚1‘ sind.

Für Y gilt daher:

$$Y = Y_3 \wedge Y_4 \tag{2.19}$$

$$Y = (a \vee b) \wedge (\overline{a} \vee \overline{b}) \tag{2.20}$$

Sie sehen, *erst* werden die Variablen a und b in den Klammern mit ODER verknüpft; dann erst die Verknüpfungsergebnisse mit UND verbunden: die Ausführungsreihenfolge ist ‚*ODER vor UND*‘! Die Gleichheit mit dem Term (2.7), haben Sie bereits in der Übung 2.18 nachgewiesen.

Speicherglieder

3

Zusammenfassung

Was machen Sie, wenn in einem Prozess oder in einer Anlage nur ganz kurzzeitige Signale auftreten, oder die Wirkung eines kurzzeitigen Tastendrucks über längere Zeit andauern soll? Natürlich: logische Signale, z. B. Alarmsignale, müssen gespeichert werden können!

Speichern bedeutet, dass eine Schaltung an ihrem Ausgang das logische Signal dauernd abgibt, auch wenn der auslösende Impuls bereits beendet ist, d. h. der Impuls muss ein logisches Signal in einen Speicher „hineinschreiben". Wie solche Speicherglieder aufgebaut sind, werden Sie in diesem Kapitel erfahren.

3.1 Kippglieder (Flip-Flops) und statische Speicher

Im Gegensatz zu den bisherigen Schaltungen werden nun bei gleichen Eingangssignalen nicht mehr immer auch die gleichen Ausgangssignale entstehen. Je nach Vorgeschichte können die gleichen Eingangssignale jeweils unterschiedliche Ausgangssignale zustande bringen. Das hört sich zunächst widersinnig und nach Beliebigkeit an! Aber die Schaltung arbeitet natürlich nicht nach einem Zufallsprinzip.

Da die Vorgeschichte berücksichtigt werden muss, müssen Werte aus der Vergangenheit gespeichert sein. Es muss also Schaltglieder geben, die ein „Gedächtnis", eine Speichermöglichkeit haben. Dazu zwei Beispiele: Ein kurzer Druck auf einen Starttaster schaltet eine Anlage ein, die natürlich weiterlaufen soll, auch wenn der Taster losgelassen wurde und die Eingangssignale wieder wie vorher anliegen. Oder bei Zählaufgaben muss der (jedesmal gleiche) Zählimpuls die Schaltung eine um 1 höhere Zahl anzeigen lassen; die Zahlen, also die Ausgänge der Schaltung sind trotz gleicher Eingangsimpulse jedesmal anders. Die neu anzuzeigende Zahl hängt von der zuvor gespeicherten Vergangenheit ab.

© Springer-Verlag Berlin Heidelberg 2015
H.-J. Adam, M. Adam, *SPS-Programmierung in Anweisungsliste nach IEC 61131-3*,
DOI 10.1007/978-3-662-46716-9_3

Binäre Signale speichern

Für die Speicherung einer binären Stelle (Bit) wird ein Speicherplatz benötigt, der entweder die Information logisch ‚0' (low, L-Pegel) oder logisch ‚1' (high, H-Pegel) aufnimmt. Weil die Digitaltechnik keine Zwischenzustände kennt, müssen solche Speicherstellen beim Umschalten möglichst „blitzartig" zwischen den beiden erlaubten Zustände hin- und herkippen. In der DIN 40900 wird dieser Speicher als bistabiles Element bezeichnet. Gebräuchlich sind auch die Bezeichnungen bistabile Kippschaltung und Flip-Flop (FF).[1]

Wenn Anlagenteile durch Drucktaster geschaltet werden sollen, müssen die Tastendrücke gespeichert werden. Ein Tastendruck dauert nur kurzzeitig. Sie müssen daher, weil die Wirkung länger als der Tastendruck andauern soll, das Signal speichern. Wie gesehen, können Flip-Flops Signale speichern. So können Sie mit einem Taster ein Setz-Signal erzeugen, um ein Flip-Flop zu setzen. Das gesetzte Flip-Flop löst die entsprechende Aktion aus: ein Ventil wird geöffnet, ein Motor läuft oder eine Lampe ist eingeschaltet. Zum Abschalten der Aktion wird entweder ein weiterer Tastschalter oder eine Logik vorgesehen, die ein Rücksetzsignal erzeugt.

Wir werden unterschiedliche Typen von Binärspeichern kennenlernen. Die Unterschiede liegen in der verschiedenen Art und Weise, wie oder zu welchem Zeitpunkt die Information eingespeichert wird.

3.2 Das RS-Kippglied (Flip-Flop)

Betrachten Sie die Abb. 3.1. Bei diesem Flip-Flop geschieht das Einspeichern so: ein ‚1'-Signal am R-Eingang setzt den Ausgang zurück, d. h. auf ‚0'; eine ‚1' am S-Eingang setzt den Ausgang auf ‚1'. Nach dem Setzen oder Rücksetzen muss an beiden Eingängen wieder jeweils die ‚0' angelegt werden. Solange die beiden Eingangssignale a und b auf ‚0' bleiben, ändert sich das Ausgangssignal Y nicht; das Flip-Flop gibt ‚0' oder ‚1' am Ausgang ab, je nachdem welches Signal vorher eingespeichert worden war. Das ist also die *Speicherstellung*.

> *Achtung:*
> Nicht erlaubt ist es, beiden Eingängen gleichzeitig ‚1'-Signal zu geben.
> In diesem Fall kann der Ausgang unbestimmt sein.

Abb. 3.1 RS-Kippglied

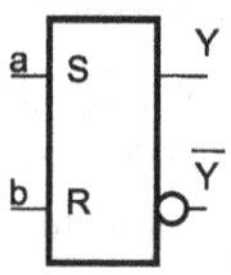

a	b	Y
0	0	Y (kein Wechsel)
1	0	1 (Setzen)
0	1	0 (Rücksetzen)
1	1	?? (verboten)

---

[1] „Flip-Flop" ist die amerikanische Bezeichnung. Sie ist lautmalerisch und könnte auf deutsch mit „Klick-Klack" übersetzt werden.

Abb. 3.2 RS-Kippglied: Funktionstabelle mit Übergangszuständen

S	R	Y_{alt}	$\overline{R} \wedge Y_{alt}$	Y_{neu}
0	0	0	0	0
1	0	0	0	1
0	1	0	0	0
1	1	0	0	-
0	0	1	1	1
1	0	1	1	1
0	1	1	0	0
1	1	1	0	-

Abb. 3.3 RS-Kippglied: Rückkopplung mit Verzögerung

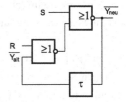

Ein RS-Kippglied kann mit zwei NOR-Gliedern aufgebaut werden. Das können wir mit folgenden Überlegungen herleiten: Weil der neue Zustand für den Ausgang vom vorherigen abhängt, führen wir in einer Funktionstabelle in Abb. 3.2 den Zustand Y_{alt} als vorherigen und Y_{neu} als neuen Folgezustand ein. Zusätzlich haben wir noch die Spalte $\overline{R} \wedge Y_{alt}$ eingetragen.

Mit der Übung 2.19 haben wir das hier gezeigte Problem schon etwas vorbereitet. Wenn die verbotenen Fälle nicht betrachtet werden, ist Y_{neu} immer dann ‚1‘ wenn $S = 1$ oder $\overline{R} \wedge Y_{alt} = 1$ ist.

Für alle erlaubten Fälle gilt daher:

$$Y_{neu} = S \vee (\overline{R} \wedge Y_{alt}) \qquad (3.1)$$

Dieser Term kann wie in der Übg. 2.19 umgeformt werden zu:

$$Y_{neu} = S \vee \overline{(R \vee \overline{Y_{alt}})} \qquad (3.2)$$

$$\overline{Y_{neu}} = \overline{S \vee \overline{(R \vee \overline{Y_{alt}})}} \qquad (3.3)$$

Jetzt erhebt sich die Frage, wie man sich den ‚alten‘ Zustand verschaffen soll. Irgendwie muss der Wert des Ausgangs so lange zwischengespeichert sein, bis er verarbeitet ist und der „neue" Wert sich stabil eingestellt hat. Als einfachste Möglichkeit hierzu kann man eine Verzögerung vorsehen (Abb. 3.3). Die Verzögerungszeit τ muss hierbei groß genug sein. Dann hat die Schaltung für die Zeitdauer τ am Eingang schon den neuen Wert für Y und am Ausgang noch den alten.

Wenn man davon ausgeht, dass in der Praxis die wegen der Signallaufzeiten in den Gattern ohnehin vorhandene Verzögerung groß genug ist, dann kann das getrennte Ver-

Abb. 3.4 RS-Kippglied: Aufbau mit Standardbausteinen
a) wie Abb. 3.3 ohne „Rückkopplung"
b) alternative Darstellung

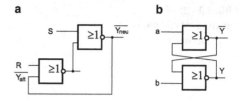

zögerungsglied einfach weggelassen werden und durch die direkte „Rückkopplung" des
Ausgangs auf den Eingang ersetzt werden, wie es in Abb. 3.4 gezeigt ist.

Übung 3.1 (RSFF31[2])

Bauen Sie mit dem Digitaltrainer eine RS-FF-Schaltung aus zwei NOR-Gliedern auf
und testen Sie die Funktion. An welchen Gliedern sind der R- bzw. S-Eingang? Zeigen
Sie, dass die Ausgänge der NOR-Gatter stets entgegensetzt sind, wenn a und b nicht
beide ‚1' sind.

3.3 Alarmschaltung 1

Eine Alarmschaltung dient zur Überwachung eines Prozesses. Der Prozess gibt im Fehlerfall ein „Alarmsignal" ab. Das Bedienungspersonal muss das Registrieren des Alarms
mittels Quittungssignal bestätigen. Weil auch ein noch so kurzes Alarmsignal nicht über-
sehen werden darf, muss es gespeichert werden. Das Quittungssignal setzt den Speicher
zurück.

Übung 3.2 (ALARM31)

Bauen Sie die Alarmschaltung1 (Abb. 3.5). Das (kurzzeitige) Signal ‚Störung' soll die
Hupe einschalten, die durch das Quittungssignal wieder ausgeschaltet wird.

Abb. 3.5 Alarmschaltung1 zu
Übung 3.2

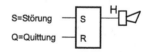

---

[2] Einige der Aufgaben aus diesem Kapitel werden später mittels der SPS durchgeführt werden. Wir
empfehlen Ihnen aber, die Aufgaben hier zu bearbeiten und möglichst mit einem Digitaltrainings-
gerät oder einem Simulationsprogramm zu testen, auch wenn Sie darauf brennen, endlich mit dem
Programmieren von SPS anzufangen. Erstens ist es eine Vorübung für das Programmieren, weil Sie
die Probleme, Verfahren und Lösungsmöglichkeiten anhand der anschaulicheren Digitaltechnik studieren können. Und zweitens ist die graphische Programmiersprache „Funktionsbausteinsprache"
praktisch identisch mit der digitaltechnischen Darstellung.

Abb. 3.6 Vorzugslage beim
Einschalten

Beim Einschalten
rückgesetzt:

Beim Einschalten
gesetzt:

3.4 Definierte Grundstellung (Vorzugslage)

Speicherglieder haben meist nach dem Einschalten der Betriebsspannung einen undefinierten Zustand, d. h. man kann nicht sagen, ob der Speicher nach dem Einschalten eine
‚1' oder eine ‚0' am Ausgang hat. Häufig ist es gleichgültig, in vielen Fällen jedoch kann
das in der praktischen Anwendung zu Störungen oder gar zu Gefahren führen.

Um dies zu vermeiden, kann durch besondere Schaltungsmaßnahmen erreicht werden, dass der Speicher nach dem Einschalten eine definierte Grundstellung einnimmt
(Abb. 3.6). Diese definierte Anfangsstellung wird im Symbol angegeben. In der DIN EN
60617 (bzw. DIN 40900) wird die Anfangsgrundstellung 0 mit I = 0 angegeben. „I" steht
für „Initial".

3.5 Priorität der Eingangssignale

Die Setz- und Rücksetzeingänge von RS-Kippgliedern dürfen nicht gleichzeitig mit
1-Signal belegt werden, weil sonst ein undefinierter (verbotener) Zustand auftritt.

Sie können sich bestimmt viele Beispiele in der Praxis vorstellen, bei denen es nicht garantiert ist, dass die Setz- und Rücksetzsignale schön nacheinander auftreten. Was können
Sie aber unternehmen, wenn es in der Anlage nicht auszuschließen ist, dass Überlappun-
gen vorkommen? Ja, richtig, man muss durch eine gegenseitige Verriegelung der Signale
Eindeutigkeit herstellen. Eines der beiden Signale muss den Vorrang, die Priorität erhalten, d. h. dieses vorrangige Signal blockiert das andere, nachrangige Signal.

RS-Kippglied mit Setz-Priorität
Vor den R-Eingang kann eine UND-Schaltung als Datenschalter (Tor) geschaltet werden
(Abb. 3.7). Rücksetzen ist dann nur möglich, wenn am Eingang a kein Setzsignal, also
‚0'-Signal anliegt. Wenn a und b beide gleichzeitig ‚1'-Signal führen, ist das Rücksetz-
signal am Eingang b unterbrochen und damit unwirksam. Dadurch ist eindeutig nur die
Setzbedingung erfüllt und das RS-Flip-Flop wird gesetzt (siehe Abschn. 2.7).

Übung 3.3 (RSFF32)

Bauen Sie ein RS-Kippglied mit Setz-Priorität aus NOR-Gattern auf und überprüfen
Sie die Funktion.

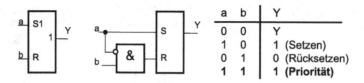

a	b	Y
0	0	Y
1	0	1 (Setzen)
0	1	0 (Rücksetzen)
1	**1**	**1 (Priorität)**

Abb. 3.7 Setzpriorität

RS-Kippglied mit Rücksetz-Priorität

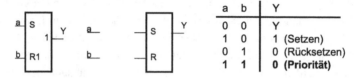

a	b	Y
0	0	Y
1	0	1 (Setzen)
0	1	0 (Rücksetzen)
1	1	0 (Priorität)

Abb. 3.8 Motorsteuerung: Schaltung und Tabelle zu Übung 3.4

Übung 3.4 (RSFF33)

Ergänzen Sie in Abb. 3.8 den Logikplan für ein RS-Kippglied mit Priorität des Rücksetz-Signals. Bauen Sie die Schaltung mit dem Digitaltrainer auf und überprüfen Sie die Funktion.

Übung 3.5 (RSFF34)

Zeichnen Sie den Logikplan eines RS-Kippgliedes mit Priorität des Erstsignals, d. h. des Signals, das zuerst anliegt.

3.6 Motorsteuerung

Bei einem Motor müssen oft die beiden Zustände „Vorwärts" bzw. „Rechtslauf" und „Rückwärts" bzw. „Linkslauf" berücksichtigt werden. Es sind also zwei verschiedene Aktionen auszuführen; daher müssen Sie in Ihre Schaltung für jeden dieser Zustände jeweils ein RS-Flip-Flop einplanen.

Entwerfen Sie also sowohl für das Setzen als auch das Rücksetzen der Flip-Flop die jeweilige Steuerlogik, d. h. Sie formulieren die Bedingungen, die zum Setzen bzw. Rücksetzen der Flip-Flops des entsprechenden Zustands führen sollen. Diese Bedingungen können sein: ein ‚1'-Signal von einem Taster oder Signale aus dem Prozess.

Übung 3.6 (LIFT31)

Ein Aufzug soll durch kurzzeitiges Betätigen von Drucktasten AUF- und AB- gesteuert werden (Abb. 3.9). Der Motor wird dazu in Drehrichtung Rechts- und Linkslauf ein-

Abb. 3.9 Schaltung und Tabelle zu Übung 3.6

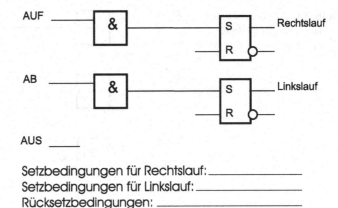

AUS _____

Setzbedingungen für Rechtslauf: _____
Setzbedingungen für Linkslauf: _____
Rücksetzbedingungen: _____
Aktionen: _____

Abb. 3.10 RS-Kippglied mit negierten Eingängen

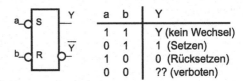

a	b	Y
1	1	Y (kein Wechsel)
0	1	1 (Setzen)
1	0	0 (Rücksetzen)
0	0	?? (verboten)

geschaltet. Das Ausschalten (Sofortstopp) erfolgt durch kurzzeitiges Betätigen einer dritten Taste.

Das Einschalten einer Drehrichtung darf nicht möglich sein, wenn die entgegengesetzte Richtung gesetzt ist, d. h. die Umkehr der Drehrichtung ist erst nach dem Ausschalten durchführbar, also wenn der Aufzug gestoppt ist.

Formulieren Sie zunächst in Worten,

- wieviele Speicherglieder (Flip-Flops) Sie benötigen,
- durch welche Signale die Flip-Flops gesetzt werden,
- welche Signale die Flip-Flops zurücksetzen,
- welche Aktionen bei gesetzten Flip-Flops ausgeführt werden müssen.

Übung 3.7 (LIFT32)

Erweiterung der vorigen Aufgabe: Zusätzlich zum Ausschalter ist der Antrieb abzuschalten und das Wiedereinschalten zu blockieren, solange der von einem Druckwächter erfasste Schmieröldruck nicht vorhanden ist oder der Not-Aus-Schalter betätigt ist. Hierzu können Sie die Lösung der Übung 3.4 mit heranziehen.

3.7 Flip-Flop mit negierten Eingängen

Aus technischen Gründen wird das Setzen und Rücksetzen der Flip-Flops häufig nicht mit ‚1'-Pegel, sondern mit ‚0'-Pegel durchgeführt (Abb. 3.10). Gegenüber dem „norma-

Abb. 3.11 Motorsteuerung: Schaltung und Tabelle zu Übung 3.8

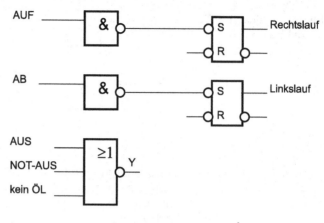

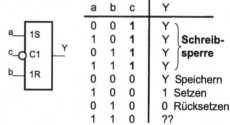

Abb. 3.12 Schreibsperre zu Beispiel 3.1

a	b	c	Y	
0	0	1	Y	⎫
1	0	1	Y	**Schreib-**
0	1	1	Y	**sperre**
1	1	1	Y	⎭
0	0	0	Y	Speichern
1	0	0	1	Setzen
0	1	0	0	Rücksetzen
1	1	0	??	

len" Flip-Flop sind die R- und S-Eingänge negiert. Dadurch wird mit dem low-Pegel ,0' rückgesetzt bzw. gesetzt. Diesen Typ nennt man „$\overline{RS}$-Flip-Flop".

Übung 3.8 (LIFT33)

Die Lösung der vorigen Aufgabe wird dadurch leicht verändert. Um die Negationen an den Eingängen aufzuheben, können Sie NAND bzw. NOR-Glieder verwenden. Ergänzen Sie den Logikplan für die Motorsteuerung, jetzt unter Verwendung von $\overline{RS}$-Flip-Flops (Abb. 3.11)!

3.8 Taktzustand-gesteuerte Flip-Flops

Schreibsperre

Häufig ist es gewünscht, dass das Kippglied nur gesetzt oder rückgesetzt werden darf, wenn ein drittes Signal vorliegt. In Abb. 3.12 liegt dieses Signal am Eingang $C1$ an. Sie können beim Schaltungsentwurf festlegen, dass nur dann die Setz- oder Rücksetz-Signale wirksam werden dürfen, wenn an diesem Steuereingang eine ,0' anliegt. Man nennt dieses Steuersignal auch „Taktsignal". Setzen oder Rücksetzen ist nur möglich, wenn dieser Takt einen bestimmten logischen Zustand aufweist, zum Beispiel im Zustand ,0' ist.

Abb. 3.13 RS-Kippglied mit
Schreibsperre zu Übung 3.9

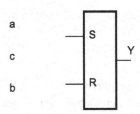

Beispiel 3.1 (Schreibsperre)

Ein Motor soll durch je einen Drucktaster ein- bzw. ausgeschaltet werden, jedoch nur,
wenn durch einen Hauptschalter ein Freigabesignal ‚0' an den Steuereingang gegeben
wird. Bei einer ‚1' am Steuereingang soll der alte Zustand erhalten bleiben (Abb. 3.12).
   Lösung:
   Nur wenn am Steuereingang $C1$ ‚0'-Signal liegt, kann der Speicherinhalt überschrie-
ben werden, d. h. Setz- und Rücksetzeingänge des Speichers sind wirksam. Führt der
Steuereingang ‚1'-Signal, so kann der Speicherinhalt nicht verändert werden (Schreib-
schutz). Um die Schreibsperre einzurichten, verwenden Sie in den Zuleitungen zum
S- bzw. R-Eingang je einen Datenschalter („Torschaltung"), bestehend aus einem
UND-Glied (siehe Abschn. 2.7).

Übung 3.9 (RSFF35)

Ergänzen Sie die Schaltung nach Abb. 3.13 so, dass Sie den Logikplan für eine RS-
Kippstufe mit gesteuertem Eingang (Schreibsperre) erhalten. Eine ‚1' am Steuereingang c soll das Flip-Flop blockieren.

Übung 3.10 (RSFF36)

Entwerfen Sie eine RS-Kippstufe mit Schreibsperre und zusätzlicher Setzpriorität!

Flip-Flop mit nur einem Dateneingang (Takteingang) und Schreibsperre

Übung 3.11 (RSFF37)

Sie betreiben eine Schaltung gemäß Abb. 3.14. Beim Simulator sehen Sie für den
Eingang a (Dateneingang) einen Schalter und für C (Schreibsperre) einen Taster vor.
Ergänzen Sie das Zeitdiagramm aus Abb. 3.15 durch Einzeichnen des Verlaufs für das
Signal Y und erklären Sie mit Ihren eigenen Worten die Funktionsweise der Schaltung!

Abb. 3.14 Diese Schaltung
einer Kippstufe hat nur einen
einzigen Dateneingang a.

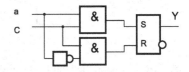

Abb. 3.15 RS-Kippglied mit
Schreibsperre zu Übung 3.11

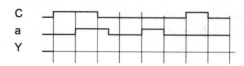

Lesesperre

Bei der soeben besprochenen Schreibsperre verhindern Sie das Ändern des Flip-Flop-Zustandes, solange der Steuereingang C blockiert. Das Flip-Flop ist somit in dieser Zeit völlig inaktiv. Nun wollen Sie aber, dass der neue Zustand angenommen wird, aber am Ausgang erst später wirksam werden soll. Den Zeitpunkt, ab dem der Ausgang den neuen Zustand anzeigt, soll durch ein Steuersignal festgelegt werden. Sie können zur Lösung dieses Problems einfach das Ausgangssignal des Kippglieds mit einem Datenschalter unterbrechen. Der Datenschalter kann in bekannter Weise mit einem UND-Glied realisiert werden. Das Flip-Flop kann gesetzt oder rückgesetzt werden, die Änderung wird aber nicht weitergegeben, solange an seinem Ausgang der Datenschalter blockiert.

Beispiel 3.2 (Lesesperre)

Ein Rührer soll durch zwei Taster ein- und ausgeschaltet werden. Sobald ein Stopp-Taster gedrückt wird (‚0'-Signal) soll der Motorlauf unterbrochen werden. Auch während der Stopptaster gedrückt ist, sollen die Ein-Aus-Taster (als „Vorwahlschalter") wirksam bleiben.

Übung 3.12 (RSFF38)

Realisieren Sie ein RS-Kippglied mit Sperreingang. Ergänzen Sie den Logikplan und die Funktionstabelle in Abb. 3.16! Führt der Sperreingang ‚1'-Signal, so soll der Speicherinhalt am Ausgang Z der Schaltung abgegriffen werden können. Führt der Sperreingang ‚0'-Signal, ist die gespeicherte Information am Ausgang der Schaltung nicht verfügbar (Leseschutz).

Übung 3.13 (RSFF39)

Kombinieren Sie die beiden Schaltungen „Schreibsperre" (Übung 3.9) und „Lesesperre" (Übung 3.12)! Probieren Sie aus, wann in Abhängigkeit vom Steuersignal c das Flip-Flop und der Ausgang Z sich ändern.

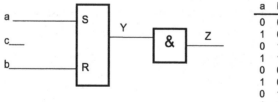

a	b	c	Y	Z
0	0	0		
1	0	0		
0	1	0		
1	1	0		
0	0	1		
1	0	1		
0	1	1		
1	1	1		

Abb. 3.16 RS-Kippglied mit Lesesperre zu Übung 3.12

Abb. 3.17 Alarmschaltung zu
Übung 3.14

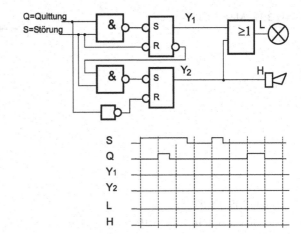

Abb. 3.18 Zeitdiagramm zu
Übung 3.14

3.9 Alarmschaltung 2

Übung 3.14 (ALARM32)

Analysieren Sie die Funktion der Alarmschaltung 2 Abb. 3.17. Die Alarmschaltung ist
gegenüber der Schaltung 1 von Abschn. 3.3 schon wesentlich verfeinert. Die Funktion
dieser Schaltung nachzuvollziehen (zu analysieren) erfordert einige Konzentration.

Untersuchen Sie, wann welches Flip-Flop gesetzt oder rückgesetzt wird! Wann
leuchtet die Lampe L und wann ertönt die Hupe H?

Gehen Sie zunächst von einem Grundzustand aus: beide Flip-Flop sind zurückgesetzt ($Y_1 = 0$ und $Y_2 = 0$), kein Signal liegt an ($S = 0$ und $Q = 0$). Besonders
übersichtlich und systematisch können Sie vorgehen, wenn Sie diese zeitlichen Abläufe im Diagramm nach Abb. 3.18 darstellen. Nach rechts tragen Sie die Zeitabschnitte
auf, z. B. je Sekunde ein Abschnitt.

Jetzt lassen Sie eins nach dem anderen die Signale kommen, erst die Störung S.
Beobachten Sie, welches der Flip-Flops gesetzt wird. Geben Sie dann das Quittungssignal Q. Welche Flip-Flops werden gesetzt, welche rückgesetzt?

Zum Schluss probieren Sie noch aus, wie sich die Schaltung verhält, wenn die Störung bis zur Quittung andauert oder schon vorher zurückgeht.

3.10 Füllen und Entleeren eines Messgefäßes

Dies ist eine Grundaufgabe der chemischen Verfahrenstechnik: Über ein oder mehrere
Messgefäße werden die Bestandteile für die Reaktion gemessen. Die Stoffe werden dann
ins Reaktionsgefäß abgelassen, dort gemischt, gerührt, geheizt usw., was eben der Prozess
erfordert.

Abb. 3.19 Messgefäß

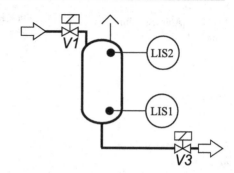

Übung 3.15 (TANK31)

Das Messgefäß in Abb. 3.19 soll so gesteuert werden, dass nach Impulsgabe über den Taster „FÜLLEN" Wasser über das Magnetventil V1 einläuft, bis der Zustand „VOLL" vom Grenzsignalgeber LIS2 gemeldet wird.

Bei Impulsgabe über den Taster „ENTLEEREN" wird das Gefäß über das Ventil V3 entleert, bis LIS1 „LEER" signalisiert. (Hinweis: Das Signal der Signalgeber LIS1 und LIS2 ist ,1', wenn der Geber in die Flüssigkeit eintaucht.)

Überlegen Sie sich zuerst, wieviel Speicherglieder (Flip-Flops) Sie benötigen, durch welche Signale die Flip-Flops gesetzt werden, welche Signale die Flip-Flops zurücksetzen und welche Aktionen bei gesetzten Flip-Flops ausgeführt werden müssen. Ergänzen Sie danach den vorgegebenen Logikplan in Abb. 3.20 und stecken Sie die Schaltung auf dem Digitaltrainer.

Überprüfen Sie, ob folgende Bedingungen erfüllt sind. Korrigieren Sie ggf. Ihre Schaltung!

- Während des Füllvorgangs darf nicht entleert werden, auch wenn der entsprechende Taster gedrückt wird.
- Beim Entleeren kann nicht gefüllt werden.

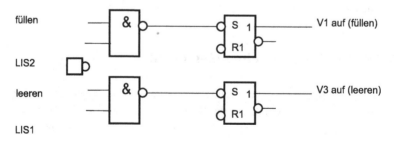

Abb. 3.20 Tank füllen und entleeren. Schaltbild zu Übung 3.15

Abb. 3.21 Alarm mit Blinksignal zu Übung 3.17

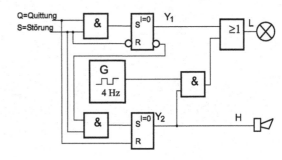

Abb. 3.22 Zeitdiagramm zu Übung 3.17

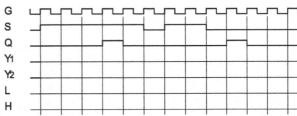

Erweitern Sie die Aufgabe 3.15 nun so, dass das Gefäß automatisch entleert wird, sobald es voll ist. Dazu können Sie das Signal LIS2 zum Setzen bzw. Rücksetzen von Flip-Flops verwenden.

3.11 Alarmschaltung 3

Die Schaltung in Abb. 3.21 arbeitet wie die Alarmschaltung 2 (Abb. 3.17) von Abschn. 3.9, es wird zusätzlich ein Blinksignal erzeugt.

Analysieren Sie die Funktion der Alarmschaltung aus Abb. 3.21 unter Zuhilfenahme des Zeitdiagramms nach Abb. 3.22. Ergänzen Sie das Zeitdiagramm!

Dynamische Speicherglieder und Zähler

4

Zusammenfassung

Sie haben bisher über Flip-Flops gelernt: ein elektronisches Speicherelement mit zwei stabilen Zuständen nennt man Kippglied oder Flip-Flop. Durch geeignete Ansteuerung kann das Kippglied in den jeweils anderen Zustand gesteuert werden. Auf diese Weise lassen sich binäre (digitale) Informationen speichern.

Im vorigen Kapitel haben wir die Kippglieder beschrieben, bei denen der Ausgang sofort nach Änderung der R- oder S-Eingänge geändert wurde. Dies sind die nicht-taktgesteuerten Flip-Flops (Kippglieder).

In diesem Kapitel erfahren Sie, wie ein Speicherbaustein aufgebaut sein muss, wenn er nur zu einem ganz bestimmten Zeitpunkt gesteuert werden kann. Unter anderem bilden diese Bausteine die Grundlage für Schaltungen, die einzelne, kurzzeitige Ereignisse („Impulse") *zählen* können.

4.1 Taktflankengesteuerte Flip-Flops

Oft ist es wünschenswert, die Eingangsinformation am S- bzw. R-Eingang nicht unmittelbar zum Ausgang des Kippglieds durchzuschalten, sondern in Abhängigkeit von einem dritten Signal, dem Takt. Während der Sperrphase des Taktes reagiert das Flip-Flop nicht. Nur solange der „aktive" Taktzustand andauert, reagiert das Flip-Flop sofort. Es können während der aktiven Phase des Taktes auch mehrere Umschaltungen erfolgen. Als Beispiel hierfür dienen die Zustandssteuerungen (Abschn. 3.8), insbesondere die Schreibsperre.

Diese Taktzustandssteuerung genügt jedoch nicht in allen Anwendungsfällen. Manchmal ist es nicht sinnvoll, während der aktiven Taktphase mehrere Umschaltungen zuzulassen. Man wünscht sich genau einen festgelegten Zeit*punkt*, zu dem die Umschaltung erfolgt. Dann kann nämlich eine ganz genaue zeitliche Übereinstimmung verschiedener Umschaltungen erreicht werden (Synchronisation). Oder es werden auf diese Weise unerwünschte Störungen unterdrückt. Als exakter Zeitpunkt kann das Um-

© Springer-Verlag Berlin Heidelberg 2015
H.-J. Adam, M. Adam, *SPS-Programmierung in Anweisungsliste nach IEC 61131-3*,
DOI 10.1007/978-3-662-46716-9_4

Abb. 4.1 Schreibsperre mit
Lesesperre kombiniert

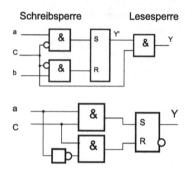

Abb. 4.2 Speicher mit
Takteingang

kippen des Taktsignals verwendet werden, also der Übergang des Taktes von ‚1' nach ‚0'
oder von ‚0' nach ‚1'.

Die Setz- und Rücksetz-Eingänge dienen dann lediglich zur Vorbereitung der Speicherung. Die Speicherung selbst wird nur bei einer Taktänderung vorgenommen, wenn der
Takt entweder von ‚1' nach ‚0' (fallende Taktflanke, negative Taktflanke) oder von ‚0'
nach ‚1' (steigende Taktflanke, positive Taktflanke) geht. Diese Taktflanken-gesteuerten
Flip-Flops betrachten wir im folgenden Abschnitt.

Die flankengesteuerten Kippglieder werden aus zustandsgesteuerten Kippgliedern aufgebaut. Wie das funktioniert, werden wir am Beispiel 4.1 studieren.

Beispiel 4.1 (Schreibsperre mit Lesesperre kombiniert)

Wir kombinieren die Schreibsperre mit der Lesesperre. Betrachten Sie dazu die Schaltung in Abb. 4.1. Wenn der Takt ‚1' ist, kann das Flip-Flop ausgelesen werden, d. h. der
Flip-Flop-Zustand Y' liegt am Ausgang Y an. In dieser Zeit verhindert die Schreibsperre das Ändern des Flip-Flop-Inhalts, der Zustand ist stabil. Befindet sich der Takt
auf ‚0'-Pegel, kann das Flip-Flop nicht ausgelesen werden; jetzt kann aber das Flip-
Flop gesetzt oder rückgesetzt werden. Genau in dem Augenblick, in dem der Takt von
‚0' auf ‚1' übergeht (also bei einer steigenden Flanke), öffnet die Lesesperre, und der
Flip-Flop-Inhalt geht auf den Ausgang über. Wir haben damit eine Flankensteuerung
erreicht.

Aber halt! Hier waren wir etwas zu schnell: Prüfen Sie nach, welchen Zustand der
Ausgang Y während der ‚0'-Phase des Taktes hat! Richtig, in dieser Zeit liegt am Ausgang immer eine ‚0', unabhängig vom Zustand Y' des Flip-Flops!

Die Lösung dieses Problems:

Das Signal Y' darf nicht direkt auf den Ausgang gelangen, sondern es muss zwischengespeichert werden. Dafür eignet sich die Schaltung nach Abb. 4.2, die wir bereits
im Abschn. 3.8 besprochen haben.

Übung 4.1 (RSFF41)

Verbinden Sie die beiden Teilschaltungen Abb. 4.1 und Abb. 4.2 zu einer Flip-Flop-
Schaltung mit dynamischem Eingang!

Abb. 4.3 RS-Kippglied mit
dynamischem Eingang: Auf-
bau aus Grundbausteinen

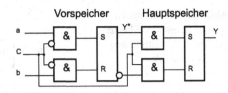

4.2 RS-Kippglied mit dynamischem Eingang

Wenn Sie die Übung 4.1 richtig gelöst haben, werden Sie die Schaltung in der Abb. 4.3
wiedererkennen.

Verschiedene Kippvorgänge können Sie anhand der Abb. 4.4 nachvollziehen: Während der ‚0‘-Phase des Taktes C ist die Schreibsperre des ersten Flip-Flops (Vorspeicher)
geöffnet und es wird je nach Zustand von a und b gesetzt oder rückgesetzt; die Eingangssignale werden zunächst im Vorspeicher gespeichert (Y^*). Während der ‚1‘-Phase des
Taktes sperrt die Schreibsperre den Vorspeicher, und die Änderungen an den Eingängen
bleiben wirkungslos. Jetzt ist aber die Schreibsperre für das zweite Flip-Flop, den Hauptspeicher geöffnet, so dass dieser den Zustand des Vorspeichers übernimmt (Y). Diese
Übernahme geschieht genau im Augenblick des Übergangs des Taktes von ‚0‘ auf ‚1‘
(steigende Flanke).

In der ‚0‘-Phase des Taktes sperrt die Schreibsperre den Hauptspeicher: das Ausgangssignal bleibt erhalten. Weil sich während der ‚1‘-Phase des Taktes C der Vorspeicher nicht
ändern kann und während der ‚0‘-Phase sich der Hauptspeicher nicht ändert, werden Änderungen am Ausgang nur genau in dem Zeitpunkt der steigenden Flanke des Taktsignals
wirksam.

Die im Vorspeicher gespeicherte Information wird also genau beim Auftreten einer steigenden Flanke des Taktsignals in den eigentlichen Speicher übernommen. Der Ausgang Y
wechselt daher in einem ganz genau vorherbestimmbaren Zeitpunkt! Diesen Vorgang
nennt man „triggern“. (engl. *Trigger* = Abzug am Gewehr oder Auslöser beim Fotoappa-
rat). Im Schaltsymbol wird die Triggereigenschaft durch das kleine Dreieck am Eingang
dargestellt. In Abb. 4.4 können Sie gut erkennen, dass der Ausgang Y genau zum Zeitpunkt der aktiven, steigenden Flanke dem Vorspeicherausgang Y^* „folgt“, also zu exakten
Zeitpunkten geändert wird.

Abb. 4.4 Zeitdiagramm für
die Kippschaltung Abb. 4.3

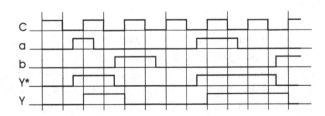

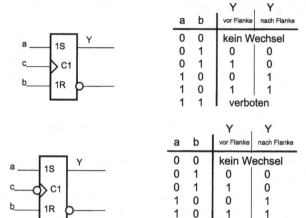

Abb. 4.5 RS-Kippglied mit der steigenden Flanke getriggert: Schaltbild und Funktionstabelle

a	b	Y vor Flanke	Y nach Flanke
0	0	kein Wechsel	
0	1	0	0
0	1	1	0
1	0	0	1
1	0	1	1
1	1	verboten	

Abb. 4.6 RS-Kippglied fallende-flanken-getriggert: Schaltbild und Funktionstabelle

a	b	Y vor Flanke	Y nach Flanke
0	0	kein Wechsel	
0	1	0	0
0	1	1	0
1	0	0	1
1	0	1	1
1	1	verboten	

Übung 4.2 (RSFF42)

Bauen Sie mit dem Digitaltrainer mit Hilfe von zwei RS-Flip-Flops ein dynamisches RS-Kippglied auf und testen Sie die Funktion (Abb. 4.3 und 4.5).

Wenn das Taktsignal invertiert wird, so reagiert das Kippglied auf den Übergang von ,1' auf ,0', also auf die fallende Flanke des Taktsignals (Abb. 4.6).

Übung 4.3 (RSFF43)

Zeichnen Sie unter Verwendung von Grundbausteinen (UND-Glieder und RS-Flip-Flops) den Logikplan eines dynamischen RS-Kippgliedes mit fallender Flankensteuerung.

4.3 Das JK-Kippglied

Für die soeben besprochene Schaltung gilt: Zum Zeitpunkt der aktiven Flanke muss sichergestellt sein, dass Setz- und Rücksetzeingang (*a* und *b*) nicht gleichzeitig ,1'-Signal führen. Durch Zusatzbeschaltungen, die wir hier nicht durchnehmen wollen, kann diese Einschränkung aufgehoben werden.

Das JK-Kippglied ist ein dynamisches RS-Kippglied, das durch eine Zusatzbeschaltung keinen undefinierten Zustand annimmt (Abb. 4.7). Die Kombination ,1', ,1' an den Vorbereitungseingängen ist daher nicht mehr verboten. Der Zustand J und K beide gleich ,1', läßt hier den Ausgang bei jeder aktiven Flanke kippen. Das hier dargestellte Kippglied schaltet mit der steigenden (positiven) Flanke des Taktsignals. Der J-Eingang entspricht dem Setz-, der K-Eingang dem Rücksetzeingang. Die Buchstaben J und K haben keine Beziehung zur Funktion des Flip-Flops, sie wurden willkürlich gewählt.

Abb. 4.7 JK-Kippglied flan-
kengetriggert: Schaltbild und
Funktionstabelle

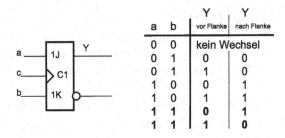

a	b	Y vor Flanke	Y nach Flanke
0	0	kein Wechsel	
0	1	0	0
0	1	1	0
1	0	0	1
1	0	1	1
1	1	0	1
1	1	1	0

Als Merkregel kann der Spruch dienen:
„Ist *J* und *K* gleich ,1' getippt,
beim Takt das Flip-Flop *jedesmal gleich kippt*".

Übung 4.4 (JKFF41)

Ein Negationszeichen vor dem Takteingang des Symbols bedeutet Schalten mit der
fallenden (negativen) Flanke.

Zeichnen Sie das Symbol eines JK-Kippgliedes mit fallender Flankensteuerung und
erstellen Sie die Funktionstabelle. Überprüfen Sie mit dem Digitaltrainer die Funktion
eines JK-Kippgliedes.

4.4 Das T-Kippglied

Das JK-Flip-Flop kann so beschaltet werden, dass es bei jeder aktiven Flanke kippt. Wenn
Sie sich jetzt fragen, wozu so eine Schaltung gut sein soll, dann können wir Sie nur auf
später vertrösten, wenn wir weiter unten die Zählerschaltungen besprechen. Wegen der
Anwendung bei Zählern ist diese Eigenschaft sogar so wichtig, dass es dafür eine spezielle
Schaltung gibt, die genauso arbeitet wie das JK-Flip-Flop mit J und K gleich ,1', aber die
beiden Eingänge gar nicht mehr aufweist, sondern nur noch einen einzigen Takteingang
hat.

Beim T-Kippglied ändert sich die Ausgangsgröße mit *jeder* aktiven Flanke des Taktes *C*. („T" von engl. *to toggle* = kippen). Als Merkhilfe könnte etwa das deutsche Wort
„torkeln" dienen!

Abb. 4.8 T-Kippglied zu
Übung 4.5

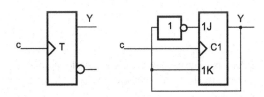

Übung 4.5 (TFF41)

Ergänzen Sie die Funktionstabelle in Abb. 4.8! Zeichnen Sie das Symbol für ein fallen-de-flanken-gesteuertes T-Kippglied. Beschalten Sie am Digitaltrainer ein JK-Kippglied als T-Kippglied und testen Sie die Funktion.

Das T-Flip-Flop ist für einige spezielle Anwendungsfälle einfacher zu handhaben, weil es keine unnötigen Funktionen hat, und es ist billiger, weil es weniger Anschlussfüßchen benötigt. Aber wie das so mit den Spezialisten ist: sie sind oft zu einseitig. Das JK-Flip-Flop ist vielseitiger und wird oft zusätzlich noch mit R und S-Eingängen versehen, um das Flip-Flop auch unabhängig vom Takt setzen und rücksetzen zu können.[1]

4.5 Automatisches Füllen und Entleeren eines Messgefäßes

Als Beispiel wollen wir das Messgefäß in Abb. 4.9 füllen und leeren. In der Schaltung nach Abb. 4.10 wird mit dem Starttaster ein T-Kippglied gesetzt. Das Ventil V1 zum Füllen des Messgefäßes in Abb. 4.9 wird geöffnet und bleibt offen, bis der obere Grenz-wertgeber LIS2 Signal gibt. Darauf schließt das Ventil V1 und Ventil V3 öffnet. Das Messgefäß läuft leer, bis das Signal des unteren Grenzwertgebers LIS1 logisch 0 ist. Der Ablauf stoppt, bis ein Druck auf den Start-Taster den Zyklus erneut startet. Mit jedem Knopfdruck wird also die Menge des Messgefäßes genau einmal abgegeben.

Übung 4.6 (TANK41)

Bauen Sie die Schaltung aus Abb. 4.10 auf und testen Sie ihre Funktion! Welche Ände-rung in der Schaltung und in der Bedienung ergibt sich, wenn an Stelle des T-Flip-Flops ein „gewöhnliches" RS-Flip-Flop verwendet wird? Welchen Vorteil bringt die Verwen-dung des T-Flip-Flops in Verbindung mit dem Starttaster?

Abb. 4.9 Messgefäß

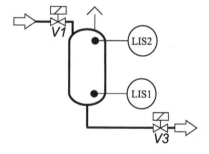

---

[1] In den Trainingsbaukästen für die Ausbildung sind meist solche Typen eingebaut. Sie werden in der Regel so ausgelegt, dass man die Eingänge, die man nicht benötigt, einfach offen (also unbeschaltet) lassen kann.

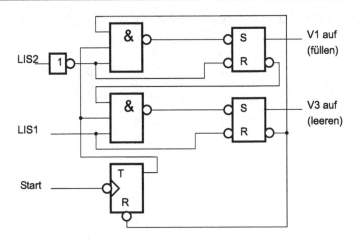

Abb. 4.10 Schaltung zu Übung 4.6

4.6 Zähler

Das im vorigen Abschnitt besprochene T-Kippglied eignet sich, um digitale Zähler aufzubauen. Das wollen wir nun etwas genauer untersuchen: Bei digitalen Zählern hat jedes Bit
gemäß der Definition der Dualzahlen eine Wertigkeit in einer Zweierpotenz. Das haben
wir ganz zu Anfang dieses Kurses im Abschn. 1.6 bereits gesehen.

In Tab. 4.1 sind die Zahlen 0 bis 15 in dezimaler, 0 bis F in hexadezimaler und 0000
bis 1111 in dualer Form dargestellt. Die Dualzahlen sind 4 Bit breit. Ein digitaler Zähler muss für jedes Bit der anzuzeigenden Zahl je einen Ausgang haben. Zusätzlich ist
ein Takteingang erforderlich, dessen Impulse den Zähler jeweils einen Wert weiterzählen.
Die Ausgänge müssen nacheinander die Zustände durchlaufen, wie in der Tabelle gezeigt
wird. Jeder Taktimpuls schaltet die Ausgänge (also die Positionen für 2^3, 2^2, 2^1 und 2^0)
so um, wie es für die Zahl in der Zeile darunter erforderlich ist.

Wenn man dies als ein Liniendiagramm über der Zeit aufträgt, dann erhält man
Abb. 4.11. Konzentrieren Sie sich zunächst auf die beiden obersten Zeilen mit den Signal-
verläufen für den *Takt* und das 2^0-Signal. Am Ende eines jeden Taktes ergibt sich eine
„fallende Flanke" des Taktsignals; d. h. der Takt geht von ‚1' auf ‚0'.

Genau in diesem Zeitpunkt muss das Signal für 2^0 seinen Zustand wechseln. Beachten
Sie also, dass bei jeder *fallenden* Flanke des Taktes das 2^0-Signal kippt.

Betrachten Sie nun auch die Zeile für das 2^1-Signal und vergleichen Sie es mit dem
2^0-Signal. Das 2^1-Signal kippt bei jeder fallenden Flanke des 2^0-Signals. Dieses Verhalten
entspricht gerade dem in Abschn. 1.6 beschriebenen Übertrag eines vollen Zweierbündels
auf die jeweils nächsthöhere Stelle.

So geht es weiter: bei jeder fallenden Flanke kippt das „nachfolgende" Signal. Zum
Aufbau eines Zählers sind also Kippglieder erforderlich, die jedesmal kippen, wenn der

Tab. 4.1 Dezimal-, HEX- und Dual-Zahlen

Dez	HEX	Dual			
		2^3	2^2	2^1	2^0
0	0	0	0	0	0
1	1	0	0	0	1
2	2	0	0	1	0
3	3	0	0	1	1
4	4	0	1	0	0
5	5	0	1	0	1
6	6	0	1	1	0
7	7	0	1	1	1
8	8	1	0	0	0
9	9	1	0	0	1
10	A	1	0	1	0
11	B	1	0	1	1
12	C	1	1	0	0
13	D	1	1	0	1
14	E	1	1	1	0
15	F	1	1	1	1

Takt eine aktive (hier fallende) Flanke hat. Aha, wir sehen, dass hier das JK-Flip-Flop oder das T-Flip-Flop zur Anwendung kommen wird.

4.6.1 Der Asynchron-Zähler

Schaltglieder, welche bei jeder aktiven Flanke kippen und damit in Zählschaltungen verwendbar sind, sind das T-Kippglied und das JK-Kippglied mit $J = K = 1$. Diese Kippglieder ändern bei jeder aktiven Flanke des Eingangs-Taktes den Ausgangspegel.

Für die beschriebene Zähleranwendung muss die fallende Flanke die aktive Taktflanke sein. Schalten Sie vier T-Kippglieder wie in der Abb. 4.12 gezeigt hintereinander, dann erhalten Sie einen 4-bit-Binärzähler.

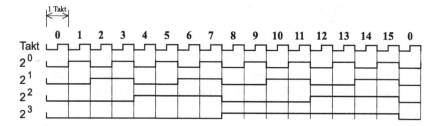

Abb. 4.11 Zeitdiagramm für 4-bit Zähler

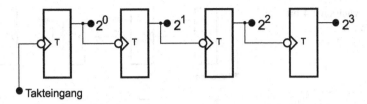

Abb. 4.12 Asynchroner 4-bit Zähler mit T-Kippgliedern

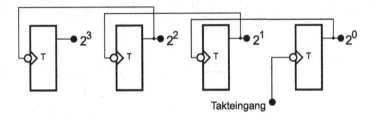

Abb. 4.13 Asynchroner 4-bit Zähler mit T-Kippgliedern, alternative Darstellung

---

Übung 4.7 (COUNT41)

Beschreiben Sie die Funktionsweise der Zählerschaltung Abb. 4.12. Schildern Sie besonders das Schalten der Flip-Flops, wenn alle vier Ausgänge ‚1' anzeigen und ein weiterer Taktimpuls eintrifft.

Die fallende Taktflanke läßt das erste Flip-Flop kippen, es wird gesetzt. Am Ausgang entsteht also eine steigende Flanke. Diese steigende Flanke des Ausgangs 2^0 hat keine Auswirkung auf das nachfolgende Flip-Flop. Erst die nächste fallende(!) Taktflanke läßt das erste Flip-Flop zurückkippen. Dieses Rücksetzen wirkt sich auf das zweite Flip-Flop (2^1) als fallende Flanke aus, so dass es jetzt anschließend ebenfalls kippt. Sie erkennen, dass die einzelnen Flip-Flops nacheinander und nicht alle gleichzeitig schalten, also nicht synchron arbeiten. Diesen Zähler nennt man deshalb „asynchronen Zähler".

In der Zeichnung Abb. 4.12 ist unschön, dass der niederwertigste Ausgang links und der höchstwertige Ausgang rechts gezeichnet sind. In der Positionenschreibweise der Dualzahlen ist es aber gerade umgekehrt: die höchstwertige Ziffer steht an erster Position, also links, und nach rechts folgen die jeweils niedrigeren. Wenn wir den asynchronen Zähler wie in Abb. 4.13 darstellen, stimmt die Reihenfolge wieder.

Übung 4.8 (COUNT42)

Bauen Sie einen Dual-Zähler im Ausbaugrad 4 (d. h. 4-stufig, 4 Bit) mit dem Digitaltrainer auf. Verwenden Sie JK-Flip-Flops, die Sie als T-Flip-Flop schalten.

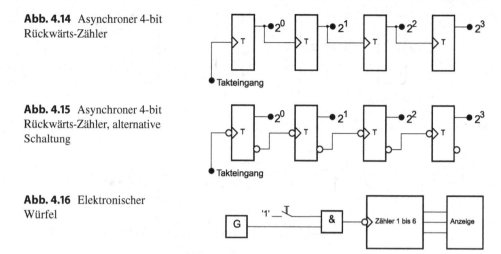

Abb. 4.14 Asynchroner 4-bit Rückwärts-Zähler

Abb. 4.15 Asynchroner 4-bit Rückwärts-Zähler, alternative Schaltung

Abb. 4.16 Elektronischer Würfel

4.6.2 Der asynchrone Rückwärtszähler

Einen Rückwärtszähler erhalten Sie, wenn Sie entweder *steigende*-flanken-getriggerte Kippglieder verwenden (Abb. 4.14), oder bei fallende-flanken-getriggerten Kippgliedern die nächsthöhere Position mit den jeweils *negierten* Ausgängen triggern (Abb. 4.15).

Die in der Praxis verfügbaren Kippglieder haben meist noch zusätzliche R und S-Eingänge, welche verwendet werden können, um die Kippglieder unabhängig vom Taktsignal setzen oder rücksetzen zu können.

Übung 4.9 (COUNT43)

Zeichnen Sie das Liniendiagramm für die Signalverläufe bei einem Rückwärtszähler. Verwenden Sie als Hilfe die Zahlentabelle Tab. 4.1 aus Abschn. 4.6.

Bauen Sie mit Hilfe des Digitaltrainers einen Rückwärtszähler auf und testen Sie seine Funktion.

4.6.3 Modulo-n, Dezimal- und BCD-Zähler

Vielleicht fallen Ihnen jetzt schon einige Anwendungen ein, bei denen Sie das neu erworbene Wissen über die Zähler anwenden können. Bevor wir jedoch Anwendungen betrachten, möchten wir Ihnen noch weitere Theorie unterbreiten.

Stellen Sie sich vor, Sie möchten einen elektronischen Würfel bauen. Er soll die Zahlen 1 bis 6 ausgeben. In der Schaltung Abb. 4.16 ist G ein Generator, der ein hochfrequentes („schnelles") Taktsignal liefert. Dieses gelangt über die Torschaltung (UND-Glied) an den Zähler, solange die Taste gedrückt ist. Der Takt ist ausreichend schnell, sodass die Taktzahl bis zum Loslassen der Taste nicht vorhersehbar ist; der Zähler zeigt eine „zufällige" Zahl.

Abb. 4.17 Schaltung zu
Übung 4.10

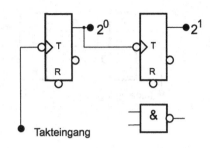

4.6.4 Modulo-3 Zähler

Bevor wir jedoch einen 1 bis 6-Zähler bauen, beginnen wir mit etwas einfacherem, einem
Zähler modulo 3 mit der Zählfolge 0, 1, 2, 0, 1, 2... Er muss nacheinander die Binärzahlen
00, 01 und 10 anzeigen. Die vierte, mit zwei Bit anzeigbare Zahl 11 darf nicht erscheinen, sondern es muss an ihrer Stelle sofort wieder auf die 00 zurückgesetzt werden. Das
kann man erreichen, indem bei Auftreten dieser „falschen" Zahl über die R-Eingänge die
Kippglieder sofort zurückgesetzt werden. Die nicht gewünschte Zahl erscheint also in der
Praxis nur so kurz, dass sie nicht bemerkt wird. Das Rücksetzsignal muss bei der Bitfolge $11_{dual} = 3_{dez}$ erscheinen. Da die Kippglieder meistens mit einer ‚0' am R-Eingang
zurückgesetzt werden, kann mit einem NAND-Glied das Rücksetzsignal erzeugt werden.

Übung 4.10 (COUNT44)

Vervollständigen Sie den Schaltplan in Abb. 4.17 zu einem Zähler modulo 3, d. h. er
hat die Zählfolge 0, 1, 2, 0... und bauen Sie ihn mit dem Digitaltrainer auf!

Übung 4.11 (COUNT45)

Bauen Sie einen Zähler modulo 6 (0...5) mit dem Digitaltrainer!

4.6.5 BCD-Zähler

Im Abschn. 1.12 haben wir Ihnen schon die BCD-Zahlen vorgestellt. Digitale Zählerschaltungen, die Dezimalzahlen im BCD-Format „direkt" anzeigen, brauchen für jede der
Dezimalstellen einen modulo-10-Zähler. Drei Flip-Flops sind dafür zu wenig. Mit vier
Flip-Flops, also vier Bits, kann ein Zähler von 0 bis 15 (= 16 Werte) zählen. Um die
BCD-Zahlen darzustellen, braucht man aber nur die Zahlen 0 bis 9. Ein Zähler, der nur
die Dezimalstellen 0 bis 9 anzeigen soll, muss nach Anzeigen der Ziffer „9" nicht auf die
nächste Ziffer „A", sondern auf die „0" zurückschalten.

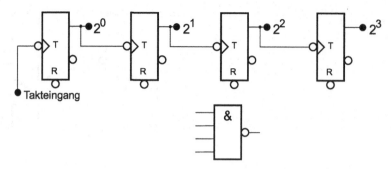

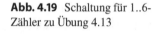

Abb. 4.18 Schaltung zu Übung 4.12

Abb. 4.19 Schaltung für 1..6-
Zähler zu Übung 4.13

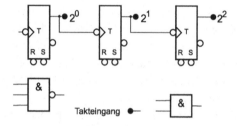

Übung 4.12 (COUNT46)

Vervollständigen Sie den Schaltplan nach Abb. 4.18 zu einem Zähler modulo 10 (0... 9)
und bauen Sie ihn mit dem Digitaltrainer auf! Begründen Sie, warum statt dem NAND-
Glied mit 4 Eingängen eines mit nur 2 Eingängen genügt!

4.6.6 Zähler mit beliebigem Anfangs- und Endwert

Die bisher betrachteten Zählerschaltungen gingen immer von der Zahl 0 aus. Für den eingangs erwähnten Würfel muss aber der Zähler bei der Zahl $1_{dez} = 001_{dual}$ beginnen und
bis zur Zahl $6_{dez} = 110_{dual}$ zählen. Sie können das realisieren, indem Sie bei Erreichen
der „falschen" Zahl $7_{dez} = 111_{dual}$ nicht einfach alle Flip-Flops auf 0 zurücksetzen, sondern mit Hilfe der R und S-Eingänge die Flip-Flops so rücksetzen/setzen, dass nach der
Taktflanke die gewünschte Zahl $1_{dez} = 001_{dual}$ angezeigt wird.

Übung 4.13 (COUNT47)

Verändern Sie die Schaltung der vorigen Übung 4.12 so, dass die Zählfolge 1... 6 entsteht! Ergänzen Sie in Abb. 4.19 beim Takteingang eine Torschaltung, so dass Sie einen
elektronischen „Würfel" erhalten!

Abb. 4.20 Prozessmodell zu
den Übungen 4.14 und 4.16

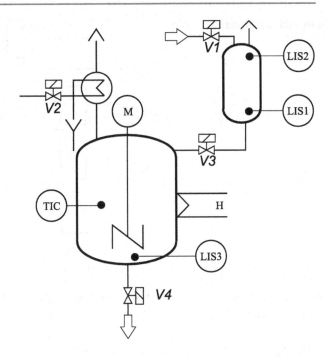

4.7 Mehrfaches Füllen und Entleeren eines Gefäßes

Wenn ein Gefäß mehrmals nacheinander gefüllt werden soll, kann jede Füllung des Ge-
fäßes einen Impuls erzeugen, der vom Zähler registriert wird. Der erreichte Zählerstand
gibt die Zahl der Füllungen an.

Übung 4.14 (TANK42)

Beschreiben Sie die Funktion und den Ablauf der Schaltung in Abb. 4.21, die den
Prozess aus Abb. 4.20 steuert. Bauen Sie die Schaltung auf und testen Sie ihre Funktion.

Erweitern Sie die Schaltung so, dass der Füllvorgang nicht nur zwei-, sondern dreimal hintereinander erfolgt.

4.8 Zeitglieder

Jede Zählschaltung benötigt eine bestimmte Zeit, bis der gesamte Zählzyklus einmal
durchlaufen, also der Zählerendstand erreicht ist. Diese Zeit können Sie berechnen, indem Sie den Zählerstand mit der Dauer eines Taktes multiplizieren. Bei einem Takt von
$f = 1\,\text{Hz}$, also einem Impuls pro Sekunde, dauert es 180 Sekunden (= 3 Minuten),
bis der Zähler den Stand 180_{dez}, entspr. 10110100_{dual} erreicht hat. Man benötigt also 8
Flip-Flops für einen 3-Minutenzähler bei einer Taktdauer von einer Sekunde. Wenn Sie

Abb. 4.21 Schaltung zu
Übung 4.14

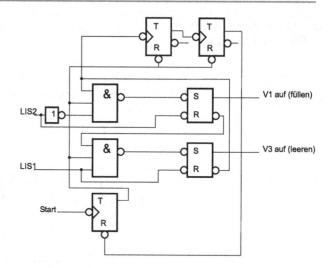

die Taktdauer verringern, brauchen Sie mehr Flip-Flops, aber die Genauigkeit, mit der Sie Zeiten einstellen können, erhöht sich im gleichen Maß.

Übung 4.15

Wieviele Flip-Flops benötigen Sie, um einen Zähler für eine Zählzeit von drei Minuten aufzubauen, wenn die Takte eine Dauer von 0,5 Sekunden haben? Wieviele sind bei einer Taktdauer von 0,1 s erforderlich?

Übung 4.16 (MIXER41)

Nach Betätigen eines Starttasters soll der Rührer M vier Sekunden lang laufen (Abb. 4.20). Zeichnen Sie den entsprechenden Logikplan und bauen Sie die Schaltung mit dem Digitaltrainer auf.

Teil II

SPS-Technik

Im zweiten Teil des Buches behandeln wir die SPS-Technik. Sie werden jetzt schnell den Vorteil der SPS-Programmierung erkennen: Änderungen erfordern kein umständliches Kabelziehen, wie es bei der digitalen Schaltungstechnik erforderlich war. Sie schreiben lediglich die neue Anweisung, und das war's dann schon.

Die Programmierung soll in der universellsten Sprache, der Anweisungsliste (engl. *Instruction List*) erlernt werden. Sehr oft werden graphische Sprachen (z.B. Funktionsplan) wegen der optisch ansprechenden Darstellung den textuellen Sprachen vorgezogen. Die Programmdarstellung ähnelt dann den (bekannten) Stromlaufplänen oder Schaltungen mit digitalen Schaltelementen. Allerdings heißt es hier aufgepasst: die scheinbar so leichte Programmierung mittels graphischer Darstellung ist bei Schalt*werken*, wenn also *Speicher und Zeitglieder* vorkommen, nicht mehr so trivial.

Schaltnetze mit SPS

5

Zusammenfassung

Bei den logischen Schaltgliedern war es ohne besondere Erwähnung klar, dass der Ausgang (genauer gesagt das Ausgangssignal) von den Eingängen (den Eingangssignalen) abhängt. Der Zusammenhang, d. h. die Funktion der Schaltung, ist eindeutig festgelegt. Eine Steuerung erhalten Sie, wenn Sie mehrere Schaltglieder miteinander verbinden. Die Signale an den Eingängen bewirken die an den Ausgängen abgreifbaren Signale. Die Funktion der Gesamtschaltung ergibt sich daraus, welche Schaltglieder wie miteinander verbunden sind. Eine Änderung der Funktion lässt sich jederzeit durch Einfügen oder Entfernen von Schaltgliedern oder Änderung der Verbindungen erreichen. Bei einer SPS haben wir, wie bei den digitalen Schaltungen, ebenfalls Eingänge und Ausgänge. Die Abhängigkeit der Ausgangssignale von den Eingangssignalen wird nicht durch die Verkabelung festgelegt, sondern es wird durch ein „Programm" bestimmt, welche Signale miteinander verknüpft werden sollen. Dieses Programm kann wie ein gewöhnlicher Text mit dem PC geschrieben werden. Der Vorteil dieser Technik ist die Standardisierung der Steuerungen. Weil nur wenige universelle Typen von Steuerungsgeräten erforderlich sind, können diese in großen Stückzahlen produziert werden. Erst der Käufer entscheidet durch die Programmierung, welche der „inneren Bausteine" verwendet werden und wie sie „verdrahtet" sein sollen.

Für die praktische Anwendung kann man zunächst davon ausgehen, dass „unendlich viele" Einzelbausteine vorhanden sind. Die „Verdrahtung" erfolgt durch das Programm. Ein weiterer Vorteil ist darin zu sehen, dass die Funktion jederzeit verändert werden kann, indem das Programm geändert wird. Ein Schraubendreher oder Lötkolben ist dabei nicht erforderlich.

Wir werden zunächst die Programmierung an Hand der „Anweisungsliste" üben. In dieser Anweisungsliste (AWL, engl. *Instruction List, IL*) werden die einzelnen Verknüpfungen durch kurze Texte beschrieben. In je einer Zeile der AWL steht je eine Anweisung. Jede Anweisung besteht aus einem Operator und einem Operand. Der

© Springer-Verlag Berlin Heidelberg 2015

H.-J. Adam, M. Adam, *SPS-Programmierung in Anweisungsliste nach IEC 61131-3*,

DOI 10.1007/978-3-662-46716-9_5

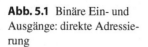

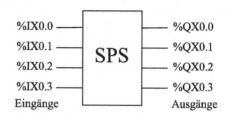

Abb. 5.1 Binäre Ein- und Ausgänge: direkte Adressierung

Operator bestimmt die Art der Verknüpfung (z. B. ODER-Verknüpfung), der Operand die Ein-/Ausgangsklemme, deren Signal verknüpft werden soll.

5.1   Direkt dargestellte Variable

Im Programm müssen Sie die Eingänge und Ausgänge der SPS ansprechen können. Die IEC-Norm schreibt ganz bestimmte Bezeichner vor, wenn die Adressen der Hardware angesprochen werden sollen. Einige Beispiele finden Sie in Abb. 5.1. Der Bezeichner für die direkten Adressen beginnt mit dem Prozentzeichen ‚%‘, gefolgt von den Buchstaben ‚IX‘ für ein Eingangsbit (engl. *input* = Eingang) bzw. von den Buchstaben ‚QX‘ (engl. *to quit* = fortgehen) für ein Ausgangsbit. Anschließend folgt die Nummer der Anschlussklemme.

Beispiele
%IX0.1 oder %QX0.0.
   Für andere Ein- oder Ausgangstypen werden andere Bezeichnungen verwendet. Doch davon später. Zunächst kümmern wir uns nur um einzelne logische Ein-/Ausgangsbits. Übrigens kann man zur Vereinfachung bei diesen Typen das ‚X‘ weglassen. Es ist auch unerheblich, ob die Bezeichner mit Groß- oder Kleinbuchstaben geschrieben werden.

Gültige Bezeichner sind demnach
%IX1.4, %I4.0, %Q1.1, %qx2.0, %i0.1, %iX1.2, %q3.4, usw.

> Direkt dargestellte *Variable* beginnen mit dem %-Zeichen,
> direkt dargestellte *Eingänge* beginnen mit %IX und
> direkt dargestellte *Ausgänge* beginnen mit %QX.

5.2   Logische Grundverknüpfungen mit SPS

Natürlich ist eine SPS „unterfordert", wenn sie nur eine einzige Verknüpfung realisieren soll. Wir müssen aber mit einfachen Übungen beginnen, deshalb werden wir zunächst nur die bereits bekannten Grundverküpfungen erstellen.

Wenn Sie eine *Übersicht* über die mit der SPS möglichen Verknüpfungen suchen, finden Sie diese in diesem Buch in Kap. 16.

5.3 ODER-Verknüpfung

Beispiel 5.1 (Lampenschaltung mit ODER-Verknüpfung)

Eine Lampe soll eingeschaltet sein, wenn der Infrarotmelder angesprochen hat oder ein Taster gedrückt ist.

Klar, hier muss die ODER-Verknüpfung (Abb. 5.2) angewendet werden! Im Digitaltechnikteil (Abschn. 2.8) haben Sie bereits gelernt, wie diese Aufgabe in eine Funktionstabelle zu übersetzen ist.

Um die SPS diese Funktion ausführen zu lassen, müssen Sie zwei Schritte tun:

- erstens den Infrarotmelder und den Taster mit den *Eingangsklemmen* der SPS verbinden und die Lampe an eine *Ausgangsklemme* der SPS anschließen; und
- zweitens die *Anweisungsliste* schreiben, damit die SPS als ODER-Glied arbeitet.

Sie müssen also zum einen den Prozess mit dem SPS-Steuerungsgerät verbinden und zum anderen das Steuerungsprogramm schreiben.

Die symbolischen Variablen a, b und x werden den realen Signalen zugeordnet, und diese wiederum an die Ein-/Ausgangsklemmen der SPS angeschlossen. Dies kann man übersichtlich in einer „Belegungsliste" darstellen.

```
Zuordnung der Ein-/Ausgänge:
Eingänge:
Variable a   (Infrarotmelder)   %IX0.0
Variable b   (Taster)           %IX0.1
Ausgang:
Variable x   (Lampe)            %QX0.0
```

Diese Zuordnungen werden in der Anweisungsliste vor den eigentlichen Programmzeilen geschrieben. Die Zuordnungsliste („Klemmenplan") wird im Programmkopf mit dem Schlüsselwort ‚VAR' eingeleitet und mit dem Schlüsselwort ‚END_VAR' abgeschlossen. Sie können in der Zuordnungsliste für die Variablen beliebige Namen wählen (solange diese nur Buchstaben, Ziffern und den Unterstrich (_) enthalten und *nicht* mit einer Ziffer

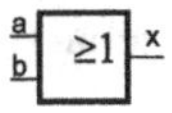

Abb. 5.2 ODER- Verknüpfung

a	b	x
0	0	0
1	0	1
0	1	1
1	1	1

$$x = a \vee b$$

beginnen). Nach dem Schlüsselwort ‚AT‘ (engl. *at* = bei, in) geben Sie die direkte SPS-Adresse an. Dahinter setzen Sie einen Doppelpunkt gefolgt vom Variablentyp. Zunächst verwenden wir nur einzelne Bits; die Typbezeichnung hierfür ist ‚BOOL‘.

Im Programmkopf werden die symbolischen Bezeichner (Variablennamen), deren Typ und Klemmenadresse festgelegt. Für die SPS-Praxis bedeutet dies, dass Sie eine Art „Verdrahtungsplan“ (Zuweisungsliste) mit in dem Programm integriert haben.

```
VAR
  a AT %IX0.0: BOOL
  b AT %IX0.1: BOOL
  x AT %QX0.0: BOOL
END_VAR
```

Nach dem Kopf werden die eigentlichen Programmzeilen geschrieben. Zu Beginn einer Verknüpfung wird der Wert der ersten Variablen geladen. Der Operator hierfür heißt LD (engl. *to load* = laden). Der nächste Wert soll im Beispiel mit dem eben geladenen „ODER“-verknüpft werden. Hierfür ist der Operator OR (engl. *or* = oder) vorgesehen. Das aus dieser Verknüpfung entstehende Ergebnis kann dann mit dem ST-Operator (engl. *to store* = einlagern, speichern) dem Ausgang zugewiesen werden.

```
LD a
OR b
ST x
```

Mit dem LD-Operator wird der erste Operand vom Eingang geladen. Gleichzeitig wird eine neue Befehlssequenz begonnen.

Die ODER-Verknüpfung wird durch den OR-Operator erstellt. Dabei wird der vom Eingang ‚*a*‘ geladene Wert mit dem am Eingang ‚*b*‘ anliegenden Wert verknüpft.

Die Zuweisung des Verknüpfungsergebnisses an den Ausgang erfolgt mit dem ST-Operator.

5.4   Das aktuelle Ergebnis

Haben Sie noch etwas Geduld, bevor Sie das erste Programm erstellen! Sie sollten die Arbeitsweise der SPS sich ganz klarmachen: der LD-Operator lädt den ersten Operanden ‚*a*‘ an einen ganz bestimmten Speicherplatz, das sogenannte „*aktuelle Ergebnis*“ (AE, engl.: *Current Result*, CR).

Das Aktuelle Ergebnis AE ist ein Speicherplatz, der *einen* Operanden enthält.

Der nächste Operator OR verknüpft den Wert des „aktuellen Ergebnisses" mit seinem Operanden b und überschreibt mit dem Ergebnis dieser Operation den Speicherplatz „aktuelles Ergebnis". Aha, ist jetzt der Name dieses Speicherplatzes klar?

Nach jeder Rechenoperation wird der Speicherplatz AE mit dem Ergebnis überschrieben. Der letzte Befehl in diesem Programm, der ST-Befehl, ändert das „aktuelle Ergebnis" nicht, sondern kopiert den Wert auf die im Operanden angegebene Speicherstelle x. Beachten Sie, dass nach der Ausführung der ST-Anweisung das aktuelle Ergebnis seinen Wert behält und weiterverwendet werden kann.

Zusammenfassend

- Mit ‚LD' wird das aktuelle Ergebnis AE völlig neu gesetzt, unabhängig vom vorhergehenden Wert. Es beginnt eine neue Sequenz.
- Der ‚OR'-Operator verändert das aktuelle Ergebnis; der neue Wert des AE hängt sowohl vom vorhergehenden Wert des AE als auch vom Operanden ab, der hinter dem Operator angegeben ist.
- ‚ST' verändert das AE nicht, es kann in folgenden Operationen weiterverwendet werden.

Damit ist aber das Programm noch nicht fertig. In der Anweisungsliste nach IEC 61131-3 müssen noch einige Formalien beachtet werden.

Das Programm beginnt mit dem Schlüsselwort PROGRAM <ProgrammName> und endet mit END_PROGRAM. Beachten Sie die englische Schreibweise, also nur ein „m" bei „Program".

In jeder Zeile der Anweisungsliste steht nur eine einzige Anweisung. Sie beginnt mit dem Operator für die auszuführende Funktion und einem Operand, der angibt worauf sich der Operator bezieht. Der Operand ist in den meisten Fällen der Bezeichner für einen Ein- oder Ausgang. Die Groß-/Kleinschreibung spielt übrigens im gesamten Text der Anweisungsliste keine Rolle und kann beliebig gemischt werden.

Beispiel 5.2 (Kompletter Programmcode: OR51)

```
PROGRAM OR51
VAR
  a AT %IX0.0: BOOL
  b AT %IX0.1: BOOL
  x AT %QX0.0: BOOL
END_VAR
  LD a
  OR b
  ST x
END_PROGRAM
```

5.5 Das Simulationsprogramm PLC-lite

Eine letzte Hürde müssen Sie noch nehmen, bevor Sie mit dem Programmieren beginnen können. Auf der Webseite[1] der Autoren zu diesem Buch steht das Programm PLC-lite zur Verfügung, mit dessen Hilfe Sie alle Übungen durchführen können.

Installation und Starten von PLC-lite

PLC-lite steht für Linux- und für Windows-Systeme zur Verfügung. Nähere Informationen zur Installation und zur Verwendung finden Sie in der Programmdokumentation. In diesem Abschnitt geben wir Ihnen eine kurze Einführung in die Verwendung im Zusammenhang mit den Übungen dieses Buches.

Nach dem Start des Programmes öffnet sich das Programmfenster mit den Bedienelementen zum Steuern der simulierten SPS und dem Editorfenster, in dem Sie die Anweisungsliste eintippen können. Die Modelle für Prozesse und Ein- Ausgabeelemente öffnen Sie mit dem Menü „Visualization".

Bedienung von PLC-lite

Klicken Sie im Hauptfenster (Abb. 5.3) auf den Button „Visualization" (bzw. „Processes" in älteren Versionen von PLC-lite) und wählen Sie zunächst „Standard-I/O" aus. Über dieses Menü können Sie in späteren Übungen die zugehörigen Anzeigeelemente und Prozessmodelle öffnen.

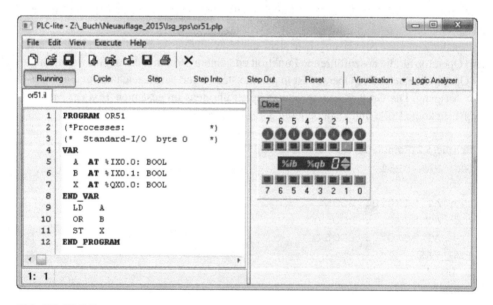

Abb. 5.3 PLC-lite

---

[1] http://www.adamis.de/sps/

Zum Einstellen der Eingangswerte für die SPS klicken Sie mit der Maus auf die grünen Taster. Die unteren, roten „Leuchtdioden" (LEDs) zeigen Ihnen den Ausgangswert. Eine „leuchtende" LED bedeutet eine logische ‚1'. Die Eingänge wirken als Taster, wenn Sie mit der Maus klicken. Wenn Sie die Maus bei gedrückt gehaltener linker Maustaste von dem Taster wegziehen, bleibt er „eingerastet". Der Eingang bleibt dann auf Dauer eingeschaltet, bis Sie wieder auf dem Eingang klicken. Somit haben Sie einen „Schalter" am Eingang.

Übung 5.1 (OR51[2])

Realisieren Sie eine ODER-Verknüpfung mit der SPS.

Erstellen Sie die Anweisungsliste mit dem Programm PLC-lite und testen Sie das Programm. Der Test ist positiv verlaufen, wenn bei allen Schalterstellungen die Funktionstabelle für die ODER-Verknüpfung erfüllt wird.

Die Simulation wird mit „Run" gestartet. Der Knopf ändert daraufhin seinen Status in „Running"; ein erneuter Klick darauf hält die Simulation wieder an. „Reset" setzt die Simulation einschließlich aller Prozessmodelle komplett zurück.

Nach dem Klick auf den Run-Button prüft das System die Anweisungsliste. Bei erkannten Fehlern wird eine entsprechende Meldung ausgegeben. Korrigieren Sie die Fehler. Erst wenn keine Fehler mehr in der Anweisungsliste enthalten sind, startet die Simulation.

Weitergehende Möglichkeiten der Simulation

Eine nützliche Funktion ist der *Einzelschrittmodus*. Ein Klick auf ‚Step' führt in der Anweisungsliste den nächsten Befehl aus und wartet dann. Ein Klick auf ‚Cycle' arbeitet alle Anweisungen einmal durch und stoppt am Anfang der Anweisungsliste.

Diejenige Anweisung, welche beim nächsten Schritt ausgeführt werden wird, wird im Editor hervorgehoben dargestellt. Im sich gleichzeitig öffnenden Fenster ‚Watch expressions' werden Ihnen die aktuellen Werte der Variablen und des Aktuellen Ergebnis (CR) angezeigt. Hier sind zwei Spalten für die Werte: Betrachten sie zunächst nur die Spalte ‚Value'. Über die Bedeutung von ‚Direct Value' werden wir Sie in Abschn. 6.4 informieren.

Zum Abschluss speichern Sie erst die Datei, danach auch das Projekt. Diese „Zweistufigkeit" ist wichtig für später, wenn zu einem Projekt mehr als eine einzige Anweisungsliste gehören wird. Beachten Sie daher: ‚Datei speichern' speichert die aktuelle Anweisungsliste. Das Projekt als Ganzes muss gesondert mit ‚Projekt speichern' gespeichert werden.

---

[2] Für viele Übungen finden Sie Lösungsvorschläge auf der Webseite der Autoren unter dem Namen, der in Klammern hinter der Übungsnummer angegeben ist.

Falls Sie irgendwo „hängenbleiben", die Lösungen zu den Übungen finden Sie ebenfalls bei http://www.adamis.de/sps/.

5.6 UND-Verknüpfung

Uff!! Das war ein schönes Stück Arbeit für so eine einfache Funktion! Aber keine Ban-
ge, die Vorteile der Programmierung können Sie gleich ausspielen, wenn Sie das nächste
Beispiel angehen:

Beispiel 5.3 (Dunkelkammerbeleuchtung)

In einem Fotolaborraum darf das Gelblicht nur eingeschaltet werden, wenn die Tür
verschlossen ist und die Fenster verdunkelt sind.

Im Teil I (Abb. 2.3) haben Sie bereits gelernt, wie diese Aufgabe in eine Funktionstabelle zu übersetzen ist. Sie erhalten die UND-Verknüpfung (Abb. 5.4).
Wieder müssen Sie erstens die Eingangsklemmen der SPS an die Tür- bzw. Verdunk-
lungskontakte und die Lampe an eine Ausgangsklemme der SPS anschließen, und zweitens die Anweisungsliste schreiben, damit die SPS als UND-Glied arbeitet.
In unserem Beispiel soll ein Türkontakt das logische Signal ‚1' abgeben, wenn die
Tür geschlossen ist. Wenn die Fensterverdunklung wirksam ist, gibt der Fensterkontakt
das Signal ‚1' ab. Die Lampe mit dem Gelblicht ist eingeschaltet, wenn sie das Signal
‚1' erhält. Die symbolischen Variablen a, b und x werden wieder den realen Signalen
zugeordnet. Damit ergibt sich die Belegungsliste:

```
Zuordnung der Ein-/Ausgänge:
Eingänge:
Variable a (Türkontakt)    %IX0.0
Variable b (Fensterkontakt) %IX0.1
Ausgang:
Variable x (Gelblicht)     %QX0.0
```

Genau wie im Beispiel 5.1 mit der ODER-Verknüpfung wird der Wert der ersten Variablen geladen (LD). Mit dem eben geladenen muss die zweite Variable „UND"-verknüpft
werden. Hierfür ist der Operator ‚AND' (engl. *and* = und) vorgesehen. Das entstehende
aktuelle Ergebnis wird wieder mit dem ST-Operator dem Ausgang zugewiesen.

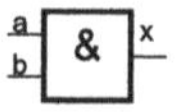

Abb. 5.4 UND-Verknüpfung

a	b	x
0	0	0
1	0	0
0	1	0
1	1	1

$x = a \wedge b$

> Für die UND-Verknüpfung steht der AND-Operator.

Erkennen Sie, dass sich praktisch das gleiche Programm ergibt wie in der vorigen Übung 5.1? Sie brauchen lediglich den OR-Operator in den AND-Operator zu verändern! Kein Kabel schrauben oder löten, keinen Baustein tauschen ...

Übung 5.2 (AND51)

Realisieren Sie die Schaltung für das Fotolabor durch eine UND-Verknüpfung!
Erstellen Sie die Anweisungsliste, programmieren Sie danach die SPS und testen Sie das Programm. Der Test ist positiv verlaufen, wenn bei allen Schalterstellungen die Funktionstabelle der UND-Verknüpfung erfüllt wird.

5.7 Negation von Ein- und Ausgängen

Die logischen Werte der Ein- und Ausgänge können vor der Weiterverarbeitung negiert werden (Abb. 5.5). Damit lassen sich Negierer sowie NAND und NOR-Verknüpfungen realisieren. Die Negierung des Operanden wird durch den Modifizierer „N" erzeugt. Der Modifizierer wird an den Operator angehängt. Wir erhalten damit die modifizierten Operatoren: LDN, ANDN, ORN, STN.

Beispiel 5.4 (Verkaufsraumüberwachung)

Mit Hilfe eines kapazitiven Gebers soll eine Verkaufsraumüberwachung durchgeführt werden. Der Geber gibt logisch ‚0', wenn sich ein Kunde im Raum befindet. In diesem Fall soll ein optisches Signal aufleuchten.

```
Zuordnung der Ein-/Ausgänge:
Eingang:
Variable a (kapazitiver Geber) %IX0.0
Ausgang:
Variable x (Signallampe)       %QX0.0
```

Als Lösung für das Beispiel ergibt sich einfach eine Negation. Je nachdem, ob Sie den Eingang oder den Ausgang negieren, erhalten Sie unterschiedliche Programme: im ersten Fall wird der LD-Operator modifiziert, im zweiten der ST-Operator.

Abb. 5.5 Negation von Eingang bzw. Ausgang

Beispiel 5.5

```
PROGRAM NOT1                      PROGRAM NOT2
VAR                               VAR
   a AT %IX0.0: BOOL                 a AT %IX0.0: BOOL
   x AT %QX0.0: BOOL                 x AT %QX0.0: BOOL
END_VAR                           END_VAR
   LDN a                             LD  a
   ST  x                             STN x
END_PROGRAM                       END_PROGRAM
```

In diesem Fall ist es gleichgültig, ob der LD-Operator (Eingang) mit der Negation modifiziert wird oder der ST-Operator (Ausgang).

Außer dem LD- und dem ST-Operator dürfen auch die Operatoren AND und OR mit N modifiziert werden. Dadurch lassen sich NAND- und NOR-Verknüpfungen realisieren. Die Übung 5.3 kann mit einem NAND-Glied gelöst werden. Die Negation ist dabei am Ausgang; Sie müssen den ST-Operator zum STN-Operator modifizieren.

Übung 5.3 (MIXER51)

Ein Ventil darf nicht geöffnet sein ($x = 0$), wenn der Rührer ($a = 1$) und die Heizung ($b = 1$) eingeschaltet sind. Schreiben Sie das Programm als Anweisungsliste und zeichnen Sie den Funktionsplan.

5.8 Schaltalgebra: de Morgansche Regeln

Wir wollen nun untersuchen, welcher Unterschied sich ergibt, wenn der LD-, AND- oder OR-Operator (also der Eingang) bzw. der ST-Operator (also der Ausgang) mit der Negation modifiziert wird. Sie sollten jetzt mal im Abschn. 2.20 nachschauen! Die dort angegebene Beziehung wird als „de Morgansche Regel" bezeichnet. Sie gibt an, wie man die Negation vom Ausgang auf die Eingänge „vorholen" kann. Dabei ändert sich selbstverständlich die Operation: aus UND wird ODER und umgekehrt! Vergleichen Sie die logischen Schaltfunktionen mit den SPS-Programmcodes und den Schaltsymbolen!

Übung 5.4 (NAND51)

Realisieren und testen Sie eine NAND-Verknüpfung in den beiden Varianten aus Tab. 5.1 links.

Übung 5.5 (NOR51)

Testen Sie ebenso die (echte) NOR-Verknüpfung und deren Realisierung als AND-Verknüpfung mit negierten Eingängen!

Tab. 5.1 de Morgansche Regeln

NAND		NOR	
$\overline{a \wedge b}$	$\overline{a} \vee \overline{b}$	$\overline{a \vee b}$	$\overline{a} \wedge \overline{b}$
LD a	LDN a	LD a	LDN a
AND b	ORN b	OR b	ANDN b
STN x	ST x	STN x	ST x

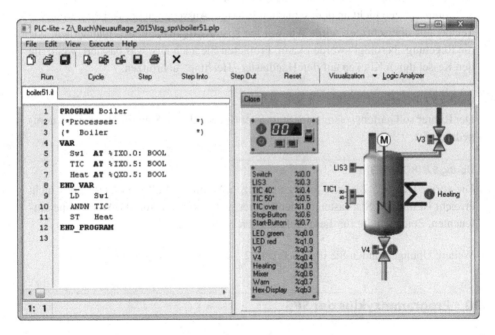

5.9 Kesselheizung (Zweipunktregelung)

Über ein Kontaktthermometer als Grenzsignalgeber soll ein Reaktionsgefäß auf konstanter Temperatur gehalten werden, solange die Heizung eingeschaltet ist. Der Temperaturregler TIC gibt das Signal ‚1‘ ab, sobald die eingestellte Temperatur (z. B. 50°C) erreicht oder überschritten ist. Mit einem Schalter soll die Heizung ein- und ausschaltbar sein. Dieser „Hauptschalter" gibt das Signal ‚1‘ ab, wenn er geschlossen ist.

Abb. 5.6 Kesselheizung im Prozess „Boiler"

Abb. 5.7 Schaltung zu
Übung 5.6

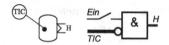

Übung 5.6 (BOILER51)

Realisieren und testen Sie die Heizungssteuerung mit SPS nach der Schaltung Abb. 5.7.

```
Zuordnung der Ein-/Ausgänge:
Eingänge:
Schalter     Sw1    %IX0.0
Thermometer TIC    %IX0.5
Ausgang:
Heizung      Heat   %QX0.5
```

Verwenden Sie den Prozess „Boiler" zum Simulieren (Abb. 5.6). Der Schalter zum Ein- und Ausschalten befindet sich ganz rechts auf dem Feld mit den Steuerelementen.

Im Prozess finden Sie neben den Ventilen V3 und V4 sowie neben der Heizung „Handtaster", mit denen Sie diese Elemente *direkt* schalten können, ohne Beeinflussung durch das Programm. Durch Betätigung der Heizung können Sie beispielsweise auch eine Störung durch Überhitzen hervorrufen.

Stören Sie sich nicht an dem schnellen Ein- und Ausschalten der Heizung wenn die Temperatur überschritten wird. Wir werden später Möglichkeiten kennenlernen, wie die Regelung „beruhigt" werden kann. Probieren Sie auch aus, was passiert, wenn Sie den Kessel durch Klicken auf den Handtaster „Heizung" überhitzen.

Übung 5.7 (BOILER52)

Der Rührer soll laufen, solange der Starttaster (links auf dem Steuerfeld, grüner Knopf) gedrückt ist.

Übung 5.8 (BOILER53)

Die vorige Übung 5.7 ist wie folgt zu ergänzen: Wenn der Füllstand LIS3 noch nicht erreicht ist und der Starttaster für den Rührer gedrückt wird, soll die Warnlampe aufleuchten. Zeichnen Sie für diese Aufgabe den Logikplan!

Weitere Übungen finden Sie in Abschn. 13.2.

5.10 Programmzyklus der SPS

Nachdem Sie sich jetzt etwas mit der SPS-Programmierung vertraut gemacht haben, sollten wir einen Blick auf die Arbeitsweise der SPS-Steuerung werfen. Wenn Sie sich die Übung 5.8 noch einmal vor Augen führen, können Sie leicht einsehen, dass die Anweisung zum Abfragen des Starttasters nicht nur ein einziges Mal, sondern immer wieder

Abb. 5.8 Zyklische Abarbeitung des Steuerprogramms bei
einer SPS

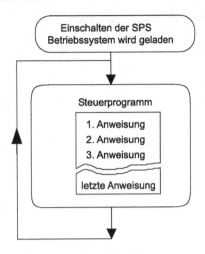

ausgeführt werden muss, weil ja das Programm jederzeit auf den Knopfdruck reagieren
soll.

Tatsächlich ist das bei den SPS-Steuerungen auch so geregelt: die Anweisungen aus
der Anweisungsliste werden nicht nur ein einziges Mal durchgearbeitet, sondern immer
wieder „im Kreis herum". Nach dem Abarbeiten der letzten Anweisung wird wieder bei
der ersten begonnen. Jeder Durchlauf wird als „Zyklus" bezeichnet. Dies ist in Abb. 5.8
durch die Pfeile in den Verbindungslinien graphisch dargestellt.

> Das SPS-Programm beginnt beim Starten mit dem ersten Befehl und bearbeitet alle
> Befehlszeilen nacheinander bis zum letzten Befehl.
> Danach beginnt immer wieder der Zyklus neu mit dem ersten Befehl.

Häufig wird der nächste Zyklus nicht sofort nach dem Ende begonnen sondern es werden die Zyklen von einem Zeitgeber in bestimmten Zeitabständen gestartet. In PLC-lite
können Sie diese Zeit einstellen.

Durch diese zyklische Arbeitsweise ist gewährleistet, dass die Eingänge regelmäßig
immer wieder abgefragt und zwischenzeitliche Änderungen registriert werden.

5.11 Stromlaufpläne

Elektriker verstehen den Stromlaufplan unmittelbar. Sie sind vielleicht „Nichtelektriker",
können aber die Arbeitsweise der elektrischen Schaltung in Abb. 5.9 bestimmt auch gut
nachvollziehen: von der oberen „Stromschiene" kann über Leitungen oder geschlossene
Schalter Strom nach unten fließen, wie bei einem Wasserlauf. Offene Schalter unterbrechen den Stromfluss. Das ist gar nicht so schwer, oder?

Abb. 5.9 Stromlaufplan und
Funktionsplan

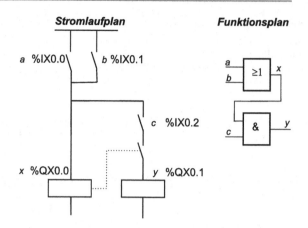

Mit dieser Betrachtungsweise ist es dann wohl auch kein Problem mehr zu erkennen, dass der Strom über zwei parallel geschaltete Schalter stets dann fließen kann, wenn wenigstens einer der beiden Schalter geschlossen ist. Es handelt sich also um eine ODER-Schaltung. Das ist der Fall bei den beiden Kontakten, die an den SPS-Eingängen %IX0.0 bzw. %IX0.1 direkt angeschlossen werden sollen.

Über den Schalter, der an %IX0.2 angeschlossen werden soll, kann nur dann Strom fließen, wenn der Ausgang %QX0.0 aktiv ist. Hier handelt sich daher um eine UND-Schaltung: der Ausgang %QX0.1 ist ‚1‘, wenn der Ausgang %QX0.0 und der Eingang %IX0.2 beide ‚1‘ sind.

Diese elektrische Schaltung haben wir in Abb. 5.9 noch als Funktionsplan dargestellt.

5.12 Abfragen von Ausgangsvariablen

Häufig ist die Steuerung anderer Größen von dem Zustand an einem oder mehreren Ausgängen abhängig. Die SPS muss also einen Ausgang abfragen und seinen logischen Zustand weiterverarbeiten können. Das ist problemlos möglich.

Aber beachten Sie: der Ausgang ist nach wie vor ein Ausgang, Sie können ihn in der Anlage nicht „wie einen Eingang" verwenden und hierüber Signale in die SPS einspeisen, sondern Sie können lediglich im Programm den letzten auf diesen Ausgang gespeicherten Wert auslesen.

Im Beispiel der Heizungssteuerung könnte man noch eine Kontrolllampe einschalten, während die Heizung läuft. Im Programmbeispiel 5.6 sehen Sie die Programmerweiterung. Beachten Sie, wie der *Ausgang* „Heat" mit dem LD-Befehl abgefragt wird.

Abb. 5.10 Schaltung zu
Übung 5.11

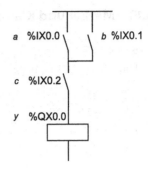

Beispiel 5.6 (Boiler: Kontroll-Lampe)

```
PROGRAM NOT3
VAR
  ...
  Heat    AT %QX0.5: BOOL
  On_LED AT %QX0.0: BOOL
END_VAR
  ...
  LD   Heat
  ST   On_LED
  ...
END_PROGRAM
```

Übung 5.9 (BOILER54)

Ergänzen Sie das Programm aus Übung 5.8 mit der Kontroll-Lampe wie in Beispiel 5.6 beschrieben!

Übung 5.10 (POWER51)

Weisen Sie für die Schaltung aus Abb. 5.9 die Variablen richtig zu, erstellen Sie die Anweisungsliste und realisieren Sie die Schaltung mit PLC-lite.

Übung 5.11 (POWER52)

Programmieren Sie die Schaltung nach Abb. 5.10. Vergleichen Sie das Ergebnis mit dem folgenden Beispiel 5.7 und der Gleichung (5.3)!

5.13   Merker und Klammern

Beispiel 5.7

Die Übung 5.11 kann gelöst werden durch den folgenden Programmteil:

```
LD    %IX0.0
OR    %IX0.1
AND   %IX0.2
ST    %QX0.0
```

Die OR-Anweisung für die Eingänge %IX0.0 und %IX0.1 wird als erste ausgeführt, das Ergebnis ins AE geschrieben, welches dann mit %IX0.2 verknüpft wird. Als letztes Endergebnis wird das AE auf den Ausgang %QX0.0 geschrieben.

Als mathematische Funktionsgleichung läßt sich dieser Zusammenhang so angeben, wobei wir x als Zwischenergebnis der OR-Verknüpfung einführen, um die beiden Schritte getrennt darstellen zu können:

$$x = a \vee b \tag{5.1}$$
$$y = x \wedge c \tag{5.2}$$

oder, x aus der ersten Gleichung eingesetzt:

$$y = (a \vee b) \wedge c \tag{5.3}$$

Wenn man x nicht als Zwischenergebnis verwendet, sondern den entsprechenden Term direkt in die Gleichung für y einsetzt, kann man einen Ausgang „sparen". Und doch ist ein Speicherplatz erforderlich:

Die Klammerung in der Formel bedeutet, dass zuerst der Ausdruck für a und b in der Klammer ausgewertet und dieses (im konkreten Fall im AE gespeicherte) Ergebnis mit dem Wert c verknüpft wird.[3]

5.14   Speicherplatz für Merker

Manchmal möchte man das Zwischenergebnis x der Gleichung (5.2) nicht verlieren. Dann reicht es nicht aus, AE zur Speicherung zu verwenden. Wir müssen zusätzlichen Speicherplatz nutzen. Zunächst wenden wir ein in der SPS gebräuchliches Verfahren an, um uns Speicherplätze zu verschaffen.

---

[3] In der Anweisungsliste der SPS kann solch ein Klammerausdruck direkt programmiert werden. Doch das kommt etwas später in Übung 5.12.

Man könnte das Zwischenergebnis x auf einen Ausgang zuweisen. Aber es geht auch ohne Verschwendung der meist raren Ausgangsklemmen. Betrachten Sie das Beispiel 5.8: Wir verwenden für die Zwischenspeicherung einen speziellen Speicherplatz, einen *Merker* x AT %MX0.0: BOOL, der das Zwischenergebnis x aufnehmen kann. Durch Verwendung eines Speicherplatzes (Merker) wird der Wert zwischengespeichert, „gemerkt".

Das Ergebnis des Ausdrucks für x in der Klammer $(a \lor b)$ wird mit dem ST-Operator einem *„Merker"* x zugewiesen und kann jederzeit durch Abfragen dieses Merkers abgerufen werden. Merkern können Sie in der Variablenliste symbolische Namen geben.

Beispiel 5.8

```
PROGRAM Memory
VAR
    a AT %IX0.0: BOOL
    b AT %IX0.1: BOOL
    c AT %IX0.2: BOOL
    x AT %MX0.0: BOOL   (* Merker *)
    y AT %QX0.0: BOOL
END_VAR
    LD    a
    OR    b
    ST    x       (* auf Merker speichern *)
    LD    x       (* von Merker lesen      *)
    AND   c
    ST    y
END_PROGRAM
```

5.15 Kommentare in der Anweisungsliste

In der Anweisungsliste (Beispiel 5.8) finden Sie Texte, die durch die Zeichenfolgen „ (*" und „*) " eingerahmt sind. Diese Texte sind Kommentare und dienen zur Dokumentation des Programms. Sie können durch geschickte Kommentare die Lesbarkeit und die Verständlichkeit des Programms deutlich erhöhen. Diese Kommentare sind als Informationen nur für Sie selbst bestimmt, damit Sie den Programmlauf (auch nach einiger Zeit!) noch nachvollziehen können. Auf den eigentlichen Programmlauf der SPS haben die Kommentare keinerlei Einfluss!

Merker erhalten symbolische Namen.
Der Speicherplatz wird mit %MXa.b direkt angesprochen.

- Merker sind nichts anderes als Speicherplätze für einen Wert, den Sie jederzeit wieder abfragen können.

- Merker haben mit Ausgängen gemeinsam, dass man ihnen einen Wert zuweisen und jederzeit wieder auslesen kann. Anders als diese haben sie aber keine Verbindung nach außen.

- Weil es bei den Merkern praktisch nie auf den absoluten Speicherplatz ankommt, können Sie die Zuweisung des Speicherplatzes getrost dem Betriebssystem überlassen. Geben Sie in der Variablenliste nur den symbolischen Namen und den Typ „BOOL" an, ohne einen speziellen Speicherort zuzuweisen. An Stelle von x AT %MX0.0: BOOL schreiben Sie nur x: BOOL. Der tatsächliche Speicherplatz wird vom SPS-System automatisch festgelegt.

5.16   Zwischenergebnisse in Klammern

Die Programmierung der Klammern ist für mathematisch Geübte zunächst sehr angenehm, weil sie den bekannten Regeln aus der Mathematik ähnlich sieht. Ein Beispiel finden Sie bei der folgenden Übung 5.12 (Programm 3).

Durch Modifizierung der Operatoren mit dem , ('-Modifizierer und dem ,) '-Operator kann der Ausdruck als Anweisungsliste geschrieben werden.

Der Modifizierer (hinter den Operatoren AND und OR erzeugt die Operatoren AND (und OR (, welche einen Klammerausdruck beginnen.

Der Operator) „Klammer zu" schließt den Ausdruck und bewirkt dessen Abarbeitung.

In der SPS-Praxis wird aber die Darstellung mit den Klammern schnell unübersichtlich. In vielen Fällen liegt das Zwischenergebnis bereits an einem Ausgang vor und kann von dort direkt verwendet werden, indem der Ausgang abgefragt wird. Im Allgemeinen wird man die Zwischenergebnisse auf Merker zuweisen. Zunächst erscheint die Programmierung mit Merkern aufwendiger als die Verwendung von Klammern: das Programm erhält mehr Zeilen, und die Denkweise ist ungewohnt, wenn man mit der Rechenalgebra vertraut ist. Die Anwendung von Merkern führt jedoch besonders bei größeren Projekten oft zu übersichtlicheren Programmen.

Übung 5.12 (MEMO51)

Zeichnen Sie für die drei Anweisungslisten jeweils den Funktionsplan. Ergänzen Sie die AWL zu vollständigen Programmen und realisieren Sie die Schaltungen mit der SPS! Überzeugen Sie sich, dass alle drei Programme dasselbe Ergebnis liefern.

```
1)  LD    a          2)  LD    a          3)  LD    c
    OR    b              OR    b              AND ( a
    ST    mem            AND   c              OR    b
    LD    c              ST    x              )
    AND   mem                                 ST    x
    ST    x
```

Abb. 5.11 EXOR

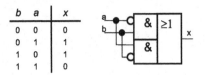

b	a	x
0	0	0
0	1	1
1	0	1
1	1	0

Begründen Sie, warum bei der zweiten Variante keine Klammern erforderlich sind, indem Sie die Zuweisungen auf das „aktuelle Ergebnis" verfolgen. (vgl. Übung 5.11)

5.17   EXOR -Verknüpfung (Antivalenz)

Beispiel 5.9 (Rührwerk)

Ein Rührwerk darf nur dann eingeschaltet werden ($x = 1$), wenn der Füllstand erreicht ist ($a = 1$) und das Zulaufventil geschlossen ist ($b = 0$); oder wenn der Füllstand nicht erreicht ist ($a = 0$) und das Zulaufventil geöffnet ist ($b = 1$).

Dieses Beispiel für die Anwendung eines EXOR-Gliedes haben Sie im Digitalteil im Abschn. 2.13 und bei den Mintermen (Abschn. 2.14) schon einmal behandelt: Dort haben wir den Funktionsplan ausführlich erarbeitet, so dass wir in Abb. 5.11 nur das Ergebnis wiederholen.

Diese EXOR-Verknüpfung ist in der IEC 61131-3 enthalten und wird durch den XOR-Operator ausgeführt. Der XOR-Operator kann mit N und (modifiziert werden zu XORN und XOR (.

```
Zuordnung der Ein-/Ausgaben (Belegungsliste):
Eingänge: Variable a   (Schalter 1)   %IX0.6
          Variable b   (Schalter 2)   %IX0.7
Ausgang:  Variable x   (Ausgang x)    %QX0.6
```

Übung 5.13 (EXOR51)

Realisieren Sie die EXOR-Verknüpfung mit SPS!

Schaltungen mit Signalspeichern

6

Zusammenfassung

In diesem Kapitel erfahren Sie, wie man die Speicher in einer SPS verwendet. Einen Speicher haben Sie bereits kennengelernt: die Merker. Ein Merker ist in der SPS ein Speicherplatz für einen logischen Wert. In der SPS können aber auch Ausgänge als Speicherplätze angesprochen werden. Sie können den Merkern wie auch den Ausgängen direkt einen Wert zuweisen, um ihn anschließend wiederzuverwenden. Sie können Merker aber auch durch einen Setz- oder Rücksetzimpuls auf ‚1' bzw. ‚0' setzen, ähnlich wie bei den Flip-Flops. In diesem Zusammenhang werden wir Besonderheiten im Programmablauf der SPS beleuchten müssen, was uns dann zu den Funktionsbausteinen für die RS- und die SR-Flip-Flops führen wird.

Neben dem Zweck, Zwischenergebnisse festzuhalten, müssen Signale gespeichert werden, um einmalige Vorgänge oder kurzzeitige Impulse auch noch nach deren Beendigung „festzuhalten". Ein Anwendungsbeispiel sind Schaltungen, in denen Taster zum Einsatz kommen.

6.1 Ausgang mit Selbsthaltung

Oft werden in Anlagen Vorgänge durch Taster und nicht durch Schalter ausgelöst. Die Taster geben nur so lange Kontakt, wie sie betätigt werden; beim Loslassen ist das Signal nicht mehr vorhanden. Meistens werden zwei Taster eingebaut: einer zum Ein- und ein zweiter Taster zum Ausschalten. Nach Loslassen des EIN-Tasters muss der Ausgang weiterhin auf ‚1' bleiben, bis am AUS-Taster der Ausgang wieder auf ‚0' zurückgesetzt wird. Man benötigt dazu eine Art Speicherung des Tastendrucks, weil ja die Wirkung über die Dauer des Tastendrucks hinaus aktiv bleiben muss. Wir hatten gesehen, dass dieses Speicherverhalten mittels Flip-Flops realisiert werden kann.

In der Elektrotechnik kann dieses Verhalten mittels eines Hilfskontaktes an einem Relais ebenfalls erreicht werden. Im Schaltbild für den Stromlaufplan A (Abb. 6.1) finden

© Springer-Verlag Berlin Heidelberg 2015

H.-J. Adam, M. Adam, *SPS-Programmierung in Anweisungsliste nach IEC 61131-3*,

DOI 10.1007/978-3-662-46716-9_6

Abb. 6.1 Selbsthaltung:
Schaltung zu Übung 6.1

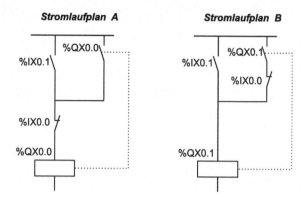

Sie einen Schaltkontakt mit der Bezeichnung %QX0.0. Die gleiche Bezeichnung hat auch
das Relais. Das bedeutet, dass dieser Schaltkontakt von dem Relais „betätigt" wird: bei
angezogenem Relais ist dieser Kontakt geschlossen.

Das bewirkt dann aber einen geschlossenen Stromweg für das Relais, auch wenn der
parallel zum Hilfskontakt liegende Taster %IX0.1 wieder losgelassen, also geöffnet ist.
Sie erkennen die Speicherwirkung: das Relais „hält sich selbst", bis durch (kurzzeitiges)
Öffnen des in Reihe liegenden Tasters %IX0.0 der Stromkreis unterbrochen wird; dann
fällt das Relais nämlich ab und der Hilfskontakt %QX0.0 wird wieder geöffnet.

Übung 6.1 (POWER61)

Zeichnen Sie für die Stromlaufpläne A und B (Abb. 6.1) jeweils die Funktionspläne,
erstellen Sie die Anweisungsliste und testen Sie die Schaltungen mit der SPS.
Überprüfen Sie besonders das Verhalten, wenn die beiden Schalter %IX0.0 und
%IX0.1 gleichzeitig gedrückt sind.

Hinweis:

Beachten Sie die Darstellung der beiden Schalterarten: Schließer und Öffner. Beim
Schließer ist im Ruhezustand der Kontakt geöffnet; die Betätigung schließt den Kontakt. Beim Öffner wird der im Ruhezustand geschlossene Kontakt durch die Betätigung
geöffnet. Diese Betätigung ist aber für die SPS nicht von Bedeutung, vielmehr ist das
von dem Schalter abgegebene Signal entscheidend für die Programmierung, und das
ist stets eine ‚1' bei geschlossenem und eine ‚0' bei geöffnetem Kontakt, unabhängig
ob betätigt oder nicht betätigt!

6.2 Ausgänge setzen und rücksetzen

Beispiel 6.1 (Selbsthaltung: Rührwerk starten und stoppen mit Taster)

Ein Rührwerk soll mit einem Starttaster ein- und mit einem Stopp*taster* ausgeschaltet
werden.

Wichtig an diesem Beispiel ist, dass die Aktionen mit Tastern ausgeführt werden sollen, die nach dem Loslassen wieder in die Ausgangslage zurückspringen. Diese Aufgabe könnten Sie mit der Schaltung aus der Übung 6.1 realisieren. In der Lösung zu diesem Beispiel wird das Rührwerk an Ausgang x durch den Starttaster an b eingeschaltet (gesetzt) und durch den Stopptaster an a ausgeschaltet (rückgesetzt):

Beispiel 6.2 (Selbsthaltung)

```
Program POWER61
var
   a AT %IX0.0: bool
   b AT %IX0.1: bool
   x AT %QX0.0: bool
end_var
   LD  b
   OR  x
   AND a
   ST  x
end_program
```

Die Schaltung funktioniert zwar, aber zugegeben, die ganze Sache ist wohl doch zu umständlich und vor allem zu unübersichtlich. Weil solch eine Funktion häufiger benötigt wird, ist es klar, dass es in der SPS spezielle Anweisungen gibt zum *Setzen* von Ausgängen auf ‚1' und zum *Rücksetzen* auf ‚0'. In der Anweisungsliste verwenden Sie den Operator ‚S' zum Setzen und den Operator ‚R' zum Rücksetzen eines Ausgangs oder eines Merkers.

Übung 6.2 (RS61)

Ergänzen Sie die folgenden Anweisungen (Beispiel 6.3) zu einem vollständigen Programm und testen Sie es mit der SPS. Die Variable a soll mit dem Eingang %IX0.7, b mit %IX0.6 und x mit dem Ausgang %QX0.0 verbunden werden.

Beispiel 6.3 (zu Übung 6.2)

```
LD  a
S   x
LD  b
R   x
```

Dieses Programm funktioniert als Selbsthalteschaltung! Das Drücken des Tasters a an %IX0.7 setzt den Ausgang x an %QX0.0 auf ‚1'. Dieser Zustand bleibt erhalten, auch wenn der Taster losgelassen wird. Erst Drücken des Tasters b an %IX0.6 löscht den Ausgang wieder und setzt ihn auf ‚0' zurück. Beachten Sie, dass in jedem Fall die

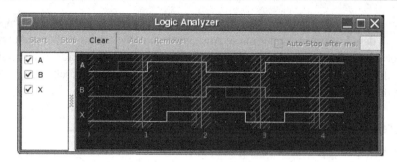

Abb. 6.2 PLC-lite: Logic Analyzer mit Zeitdiagramm zu Übung 6.2

Aktion nur dann ausgeführt wird, wenn die jeweilige Variable a bzw. b den Wert ‚1' hat. Hat die Variable den Wert ‚0' wird keine Aktion ausgeführt und der Ausgang behält den vorherigen Wert bei.

Hinweis

Mit Hilfe des Logic Analyzers von PLC-lite können Sie die zeitliche Abfolge der Signale beobachten. Öffnen Sie den Logic Analyzer. Klicken Sie dann auf „Start" und bedienen Sie die Taster. Sie erhalten jetzt eine Aufzeichnung der logischen Pegel. Zusätzlich können Sie durch Verwenden des Einzelschrittmodus die Vorgänge eingehend verfolgen. In Abb. 6.2 erkennen Sie dünne und dickere Linien im Zeitdiagramm. Die Unterschiede können Sie etwas später, mit den Erkenntnissen aus Abschn. 6.5 verstehen.

Übung 6.3

Beobachten Sie nun das Verhalten des Ausgangs beim Programm aus Übung 6.2, wenn beide Taster gleichzeitig gedrückt sind! Bei der Simulation können Sie die Taster einzeln „festklemmen", indem Sie mit gedrückt gehaltener Maustaste von dem Taster herunterfahren.

6.3 Ausführungsreihenfolge und Vorrang

Aus Übung 6.3 können Sie erkennen, dass der Ausgang x an %QX0.0 stets rückgesetzt bleibt, solange der Taster b gedrückt ist, auch wenn zusätzlich noch Taster a gedrückt ist. Tauschen Sie nun die Reihenfolge der Anweisungen in Beispiel 6.3, sodass der S-Befehl die letzte Anweisung ist. Sie erhalten das Beispiel 6.4:

Beispiel 6.4

```
LD   b
R    x
LD   a
S    x
```

Nun werden Sie erkennen, dass beim Beispiel 6.4 der Setzbefehl den Vorrang hat und der Ausgang bei dauerhaftem Drücken von beiden Tastern stets gesetzt bleibt. Solch ein Verhalten hatten wir bei den digitalen Schaltungen auch schon erreicht, indem die Signale mit Schaltgliedern entsprechend verschaltet wurden. Blättern Sie hierzu zurück zum Abschn. 3.5.

Bei der SPS entsteht dies durch die Reihenfolge der Anweisungen in der Anweisungsliste. Bei mehrfachen Zuweisungen auf einen Ausgang innerhalb einer Anweisungsliste „gewinnt" die letzte Zuweisung. Es ist daher von größter Bedeutung, in welcher Reihenfolge die Anweisungen in der Anweisungsliste aufgeführt sind.

> Die Anweisungen werden der Reihe nach (von oben nach unten) ausgeführt.
> Bei mehrfachen Zuweisungen hat die letzte den *Vorrang*.

Doch halt! Bitte schauen Sie nochmal den Abschn. 5.10 (Abb. 5.8) an, in dem die Arbeitsweise der SPS beschrieben ist: Die Anweisungen aus der Anweisungsliste werden nicht nur ein einziges Mal durchgearbeitet, sondern immer wieder „im Kreis herum" vom ersten zum letzten Befehl und dann wieder beginnend mit dem ersten. Und damit wird nach der letzten immer wieder die erste Anweisung ausgeführt. Wie kann nun also die Reihenfolge der Setz- und Rücksetz-Anweisungen überhaupt eine Rolle spielen, schließlich werden sie ja letztlich einfach abwechselnd ausgeführt? – Das werden wir im folgenden Abschnitt betrachten:

6.4 Speicherung der Ein- und Ausgänge

Dieses Verhalten: „Die letzte Anweisung gewinnt" ist in den beiden Beispielen 6.3 und 6.4 sehr nützlich. Es wird dadurch erreicht, dass die SPS die neuen Werte immer nur erst am Ende des Zyklus an den Ausgang übergibt und dadurch der Ausgang einen eindeutigen, konstanten Wert erhält. Die zwischenzeitlichen Änderungen während des Zyklus bleiben nur intern und gehen nicht nach außen.[1]

---

[1] Genauso werden die Eingangswerte nur zu Beginn jedes Zyklus einmal eingelesen und bleiben dann bis zum Ende der Anweisungsliste unverändert verfügbar.

Abb. 6.3 Umschaltung auf
direkten und indirekten Zugriff
bei PLC-lite

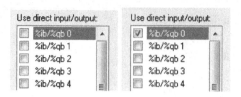

Dies wollen wir nun ausführlicher betrachten: Überlegen Sie, was geschehen würde, wenn die Setz- bzw. Rücksetzanweisungen sofort und unmittelbar am Ausgang wirken würden und nicht erst beim Zyklusende?

Genau! Der Ausgang würde in schneller Folge ein- und ausgeschaltet werden. Es ergäbe sich eine „Blinkschaltung" mit der Zyklusfrequenz. Man könnte auch sagen: der Ausgang „flattert".

Durch die erste Anweisung wird der Ausgang zurückgesetzt, wenn der Taster an %IX0.7 gedrückt ist. Gleich darauf wird der Ausgang wieder eingeschaltet, wenn der Taster an %IX0.6 ebenfalls betätigt ist. Am besten können Sie dieses Verhalten studieren, wenn Sie das Programmbeispiel 6.2 mit dem Logikanalysator und mit dem Simulator im Einzelschrittmodus (Step) durchtesten.

Sie haben in PLC-lite über das Menü View - PLC-Setup die Möglichkeit, die Zwischenspeicherung der Anschlussklemmen zu deaktivieren, sodass die jeweiligen Werte direkt am Ausgang erscheinen und nicht erst, wenn das Programm den Zyklus bis zu Ende durchlaufen hat. Die Abb. 6.3 zeigt links die Standardeinstellung für die Ein-/Ausgänge: indirekter Zugriff, mit Zwischenspeicherung. Umschalten: Haken setzen um das Byte auf direkten Adresszugriff einzustellen. Im folgenden Abschn. 6.5 werden diese Zwischenspeicher mit den Namen „Prozessabbilder" ausführlich erläutert.

In Abb. 6.4 wird das Programm aus Übung 6.2 im Einzelschrittmodus ausgeführt. PLC-lite markiert die Zeile, die als nächstes durch Klick auf den Button „Step" ausgeführt wird. Im Beispiel sehen Sie, dass die Ausführung im „Step"-Modus bis zur Zeile 12 durchgeführt ist. Beide Eingangstaster sind auf den Wert ‚1' eingerastet. Die Ausgangsvariable x hat den den Wert (Value) ‚1', weil der vorhergehende Setzbefehl gerade durchgeführt worden ist. Der x-Wert am Ausgang der SPS (Direct Value) ist noch ‚0', weil wir den direkten input/output *nicht* gewählt haben (das ist die normale Einstellung). Führen wir nun die Schritte weiter aus, dann wird mit Ausführen der Zeile 13 der Ausgang zurückgesetzt. Nach Ausführen der Zeile 14 kommt dieser Wert an den Ausgang. Trotz gleichzeitigem Setzen und Rücksetzen „gewinnt" Rücksetzen.

Schalten Sie nun in PLC-Setup durch Setzen des Hakens auf direkten Zugriff der Ein-/Ausgänge. Wenn Sie nun bis zur Zeile 12 durchsteppen, dann erkennen Sie, dass der Setzbefehl sich direkt auf den Ausgang auswirkt und die LED leuchtet. Mit dem Ausführen des Rücksetzbefehls in Zeile 13 wird der Ausgang unmittelbar wieder zurückgesetzt. Die LED blitzt im laufenden Betrieb also ganz kurz auf. In Abb. 6.5 sehen Sie im Logic Analyzer zwei vollständig durchgesteppte Zyklen. Im dritten Zyklus ist gerade der Setzbefehl aus Zeile 11 ausgeführt.

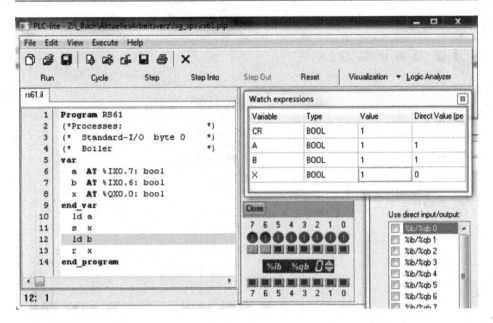

Abb. 6.4 Überwachung der Variablen bei PLC-lite im Step-Betrieb und Ein- und Ausgänge im „normalen" Modus

---

Übung 6.4

Führen Sie nun das Programm aus Übung 6.2 erneut aus, jetzt im Einzelschrittmo-dus und mit Logic Analyzer. Beobachten Sie das Verhalten des Ausgangs x abhängig von der Einstellung der Eingänge „direct input/output" (eingeschaltet oder ausgeschal-tet). Testen Sie auch ausgiebig den Fall, dass beide Eingänge gleichzeitig den Wert ‚1' haben. Nun können Sie auch das Zeitdiagramm des Logic Analyzers in Abb. 6.2 interpretieren!

Bei einer SPS sind die Werte der Variablen innerhalb eines Programmzyklus von den jeweils zugehörigen peripheren Werten zu unterscheiden, die mittels der Sensoren vom Prozess gelesen werden bzw. die mittels der Aktoren an den Prozess übergeben werden. Je nach Anwendungsfall kann es sinnvoll sein, die peripheren Werte direkt und unmittelbar im Programm auszuwerten oder mittels der Zwischenspeicher indirekt mit den Variablen im Programm zu verbinden. Manche SPS-Systeme bieten hierfür neben den normierten %i und %q zusätzliche Adressbereiche oder besondere Anweisungen, über die direkt auf die Ein-/Ausgangsklemmen zugegriffen werden kann.

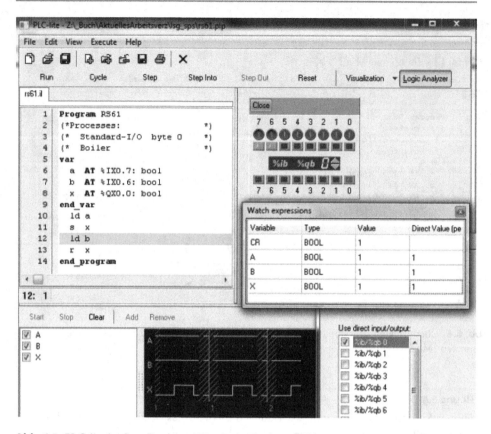

Abb. 6.5 PLC-lite im Step-Betrieb mit Logic Analyzer und Ein- und Ausgängen im direkten Modus

6.5 Prozess-Abbilder der Ein- und Ausgänge

Die Verknüpfungsergebnisse, die den Ausgängen zugewiesen werden, erscheinen nicht sofort an den Ausgangsklemmen, sondern werden erst im „*Prozess-Abbild der Ausgänge*" (PAA-Register) zwischengespeichert. Erst nach dem letzten Befehl der Anweisungsliste wird das PAA auf die Ausgangsklemmen übertragen. Man erreicht dadurch ein gleichmäßiges, synchrones Arbeiten aller Ausgänge.

Wenn beispielsweise derselbe Ausgang im Laufe des Zyklus mehrmals mit unterschiedlichem Wert angesprochen wird, wird ein „Flattern" des Ausgangs vermieden durch die Verwendung des PAA als Zwischenspeicher. Dann kann die Zuweisung auf die zum Ausgang gehörige Variable innerhalb des Zyklus ruhig mehrmals erfolgen; es wechselt zwar jedes Mal der Speicherplatz im PAA seinen Wert, aber nur die letzte Zuweisung im Zyklus wird tatsächlich auf den Ausgang übertragen.

Im obigen Beispiel 6.3 „gewinnt" daher das Rücksetzen. Man sagt, das Programm verhält sich R-dominant. Beispiel 6.4 ist vorrangig setzend, S-dominant.

Aber auch die Eingänge werden nicht direkt im Programm eingelesen. Hier werden zum Zyklusanfang die Werte in das *„Prozessabbild der Eingänge"* (PAE-Register) eingelesen. Um während eines Zyklus klare Verhältnisse zu haben, auch wenn ein Eingang mehrmals während eines Programmzyklus abgefragt wird, werden die Eingangswerte aller Eingangsklemmen nur immer unmittelbar vor Beginn eines jeden Programmzyklus in das „Prozess-Abbild der Eingänge" (PAE) übernommen. Während des Programmlaufs werden die Eingangswerte stets vom PAE gelesen. Zwischenzeitliche Änderungen an den Eingängen werden nicht sofort wirksam, sondern erst im nächsten Programmzyklus, nach Übernahme ins PAE. Dadurch kann in einem Zyklus der gleiche Eingang mehrmals abgefragt werden, und er hat immer den gleichen Wert.

Als Nachteil wäre anzumerken, dass damit der kürzeste, sicher erkennbare Eingangsimpuls die Länge der Zyklusdauer haben muss. Kürzere Impulse können einfach „verschluckt" werden, wenn sie nicht bis zum nächsten Übernahmezeitpunkt andauern.

Oft ist es üblich, die Ein- und Ausgänge als „Peripherie" zu bezeichnen, im Gegensatz zu den Variablen in der Anweisungsliste und in den Prozessabbildern.

Die Arbeitsweise der SPS ist in Abb. 6.6 dargestellt. Gegenüber Abb. 5.8 sind nun die Prozessabbildregister mit eingezeichnet. Diese Speicherung der Ein- und Ausgänge im PAE bzw. PAA wird von den meisten SPS durchgeführt. Je nach Automatisierungsgerät sind unterschiedliche Verfahren implementiert, die Ein- oder Ausgänge wahlweise über Zwischenspeicher oder direkt als Peripherie-Anschlüsse anzusprechen. Letzteres kann durch Zuweisung bestimmter Speicher- oder Adressbereiche, durch entsprechende Konfiguration, durch Verwendung besonderer Befehle usw. erfolgen.

Wenn die SPS keine Prozessabbilder zur Verfügung stellt oder wenn diese im konkreten Fall nicht verwendbar sind, können wir auch selbst für die Speicherung sorgen, indem wir das Setzen/Rücksetzen zunächst auf Merker anwenden und erst am Schluss des Zyklus den (letzten) Merkerzustand auf den Ausgang übertragen. Mit Hilfe der Merker konstruieren wir uns gewissermaßen ein eigenes PAA! Entsprechend können wir mit Merkern auch einen Ersatz für ein PAE herstellen. Das untersuchen Sie in der nächsten Aufgabe:

Übung 6.5 (RS62)

Testen Sie die beiden verschiedenen Schaltungen aus Abb. 6.7 mit der SPS. Vergleichen Sie auch besonders das Verhalten der beiden Lösungen, wenn beide Taster gleichzeitig gedrückt sind! Beobachten Sie mittels Logikanalysator und im Schrittmodus die Zuweisungen auf die Merker und vergleichen Sie diese mit den Zuweisungen auf die Ausgänge! Begründen Sie die Bezeichnungen: *vorrangig rücksetzend* und *vorrangig setzend*. Woran erkennt man die jeweilige Eigenschaft im Funktionsplan bzw. in der Anweisungsliste?

An diesem Beispiel erkennen Sie, wie die Probleme des sequentiellen, zyklischen Verhaltens einer SPS bei einer direkten Zuweisung auch ohne PAE/PAA vermieden werden:

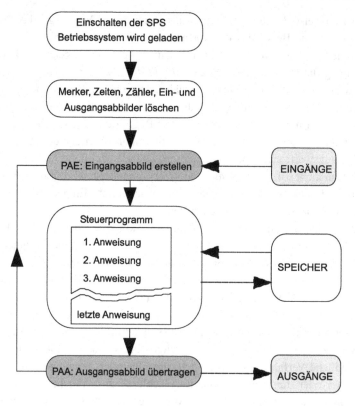

Abb. 6.6 Eingangsabbild PAE und Ausgangsabbild PAA (zu Übung 6.5)

durch die Zuweisung der „Zwischenergebnisse" auf den Merker Memo1 bzw. Memo2. Durch diese indirekte Zuweisung „gewinnt" die zuletzt ausgeführte Anweisung; im einen Fall das Rücksetzen, im anderen das Setzen.

Abb. 6.7 Schaltungen zu Übung 6.5

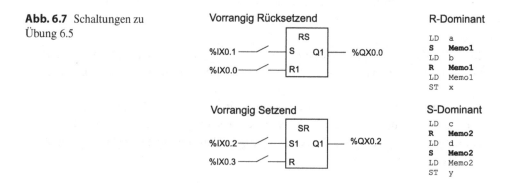

Übung 6.6

Welche der beiden Schaltungen in der erwähnten Übung 6.1 ist vorrangig rücksetzend, welche ist vorrangig setzend?

6.6   Füllstandsteuerung eines Behälters

Der Füllstand des Behälters in Abb. 6.8 soll mit Hilfe einer SPS zwischen einem Minimal- und einem Maximalwert gehalten werden. Ein Taster öffnet das Ventil V3. Der Behälter wird solange über das Ventil V3 entleert, wie der Taster gedrückt bleibt.

Die Steuerung sorgt für den nötigen Füllstand, indem die Sensoren (Grenzwertgeber) LIS1 und LIS2 abgefragt werden. Das Einlassventil V1 wird geöffnet, sobald der Füllstand unter den Stand von LIS1 absinkt. Das Ventil wird erst wieder geschlossen, wenn der Füllstand den Grenzwertgeber LIS2 erreicht hat. Die Signale der Grenzwertgeber LIS sind ‚1', wenn sie in Flüssigkeit eintauchen.

```
Zuordnungsliste:
LIS1   Unterer Grenzwertgeber   %IX0.1
LIS2   Oberer Grenzwertgeber    %IX0.2
V1     Einlassventil            %QX0.1
V3     Auslassventil            %QX0.3
Sw1    Entleerschalter          %IX0.7
```

Beispiel 6.5 (Füllstand)

Die Füllstandsteuerung kann mit dem folgenden Programmteil verwirklicht werden:

```
LDN   LIS1   (* Behälter leergelaufen      *)
S     V1     (* dann füllen (speichernd!) *)
LD    LIS2   (* Behälter vollgefüllt       *)
R     V1     (* dann füllen beenden        *)
```

Übung 6.7 (TANK61)

Erstellen Sie den Logikplan nach der im Beispiel 6.5 gegebenen Anweisungsliste und programmieren Sie die SPS für die Aufgabe „Füllstandsteuerung". Testen Sie die

Abb. 6.8 Gefäß mit Sensoren
zur Pegelüberwachung

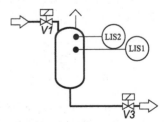

Steuerung am verfahrenstechnischen Modell (Prozess „Niveau" bzw. „level"). Zum Leeren können Sie den Handtaster bei V3 betätigen.

Prüfen Sie nach, ob Betriebszustände aufstreten können, bei denen die Bedingungen zum Setzen und Rücksetzen gleichzeitig eintreten. In diesem Fall könnte das Ventils V1 „Flattern". Geben Sie an, welche Fehlfunktionen bei den Gebern zu unzulässigen Betriebszuständen führen können!

Erweiterung:

Mit zwei getrennten Tastern soll das Entleeren über V3 eingeschaltet (gesetzt) und ausgeschaltet (rückgesetzt) werden.

6.7 Alarmschaltung 4

Durch eine Alarmschaltung soll das Bedienpersonal einer Anlage auf gefährliche oder besondere Betriebszustände hingewiesen werden. Meistens ist dann auch ein manueller Eingriff in den Ablauf des Prozesses erforderlich. Durch ein Signal, das der Prozess abgibt, wird die Alarmierung ausgelöst, meist durch eine Hupe oder/und ein Lichtzeichen. Das „Quittungssignal", das der Anlagenbediener durch einen Tastendruck abgibt, soll die Alarmierung bestätigen. Durch die Quittierung wird meist die Hupe abgeschaltet und das Lichtsignal ein- oder umgeschaltet.

Bei dieser Anwendung müssen einmalige oder kurze Impulse erkannt werden. Daher müssen sie gespeichert werden. Ob diese Speicherung als vorrangig setzend bzw. vorrangig rücksetzend programmiert wird, hängt vom jeweiligen Anwendungsfall ab. Wenn eine Störung gemeldet wird, so soll das Störungssignal erhalten bleiben, solange die Störung nicht beendet ist, auch wenn der Quittierknopf gedrückt wird oder gar in gedrückter Position blockiert wird. Das Störungssignal muss also vorrangig setzend, und damit erst nach der Rücksetzung programmiert werden! Entsprechend ist das Quittungssignal als vorrangig rücksetzend zu realisieren.

Übung 6.8 (ALARM61[2])

In Abb. 6.9 ist eine sehr einfache Alarmschaltung abgebildet. Das Signal S „Stoerung" soll eine Hupe H (Horn) einschalten, die erst wieder durch eine Quittungstaste „Quitt" ausgeschaltet werden kann. Erstellen Sie die Anweisungsliste so, dass bei bestehender Störung die Hupe trotz gedrückter Quittungstaste in Funktion bleibt. Das Störungssignal wird am Bit %ix1.1 wirksam, also im Byte 1. Im Simulationsprogramm können Sie den Prozess „Standard-I/O" ein zweites Mal öffnen und durch Klicken mit der Maus auf die kleine Ziffer unten die Byte-Nummer umschalten.

```
Zuordnungsliste:
Quitt        %IX0.6
Stoerung     %IX1.0
```

---

[2] Die zu dieser Übung gehörige Zeichnung (Abb. 6.9) ist nicht vollständig. Es ist bei dieser und bei vielen weiteren Übungen Teil Ihrer „Hausaufgabe", die Zeichnung zu ergänzen.

Abb. 6.9 Schaltung zu
Übung 6.8

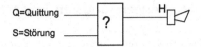

Übung 6.9 (ALARM62)

Eine Hupe soll von drei verschiedenen Schaltstellen aus durch Taster eingeschaltet
werden. An jeder dieser Schaltstellen soll je ein Quittierungstaster die Hupe wieder
abschalten. Erstellen Sie die Schaltung mit SPS.

Übung 6.10 (ALARM63)

Erweiterung der Übung 6.9: Es muss an drei Lämpchen erkennbar sein, von welcher
Meldestelle aus der Alarm ausgelöst wurde.

6.8   Signalspeicher als Funktionsbausteine

Diese im vorigen Abschnitt beschriebene Handarbeit zur Verwendung von Flip-Flop-
Schaltungen ist bei einer SPS nach IEC 61131-3 nicht nötig. Es sind nämlich die Flip-
Flop-Typen als sogenannte *Funktionsbausteine* enthalten. Solch ein Funktionsbaustein
verwaltet die notwendigen Maßnahmen zur Erreichung des vorrangigen Setzens bzw.
Rücksetzens selbständig.

Das vorrangig rücksetzende Speicherglied heißt *RS-Flip-Flop* und das vorrangig set-
zende heißt *SR-Flip-Flop*. In der graphischen Darstellung (Abb. 6.10) stehen die Namen
innerhalb des Rechtecks am oberen Rand. Die Bezeichnungen an den Eingängen und dem
Ausgang innerhalb des Rechtecks sind die Namen der „*Formalparameter*". Diese Namen
verwendet der Funktionsbaustein intern. Die Eingänge stehen links und die Ausgänge
rechts. Die angehängte Ziffer „1" deutet auf den Vorrang hin. Sie können außerhalb des
Rechtecks die Namen der Signalvariablen anschreiben, die Sie in Ihrem Programm selbst
verwenden. Diese nennt man die „*Aktualparameter*".

Abb. 6.10 Funktionsbausteine: vorrangig rücksetzendes
und vorrangig setzendes Flip-
Flop

6.9   Verwendung von Funktionsbausteinen

Die Anwendung von Funktionsbausteinen geschieht in vier Schritten:

1. Baustein definieren	*instanziieren*	
	Baustein verfügbar machen	
2. Parameter übergeben	*parametrieren*	
	Baustein mit Werten versorgenBaustein liest Werte ein	
3. Baustein ausführen lassen	*aufrufen*	
	Baustein arbeitet	
4. Ausgangswerte auslesen	*Ergebnisse*	
	Baustein gibt Werte aus	
	Werte können verwendet werden	

Sie können hier das in der Computertechnik allgemein bekannte „EVA"-Prinzip erkennen: im Schritt 2 liest der Baustein Werte ein (E), im Schritt 3 werden diese verarbeitet (V) und im Schritt 4 gibt der Baustein die Ergebnisse aus (A).

Schritt 1: Instanziierung
Die Funktionsbausteine kann man nicht direkt aufrufen, sondern man muss für die Anwendung eine sogenannte „*Instanz*" erzeugen. Das ist viel einfacher, als sich das hier liest, und geht wie die Zuweisung der symbolischen Namen zu den Variablentypen im Deklarationsteil des Programms.

Während Sie bei den Variablen den Datentyp (z. B. BOOL) angeben, müssen Sie zur Instanziierung eines Funktionsbausteines den Funktionsbaustein-Typ angeben. Dieser Typ ist der abgekürzte Name oben in der graphischen Darstellung, also z. B. RS oder SR.

Die Wirkung der Instanziierung ist bei Variablen und Funktionsbausteinen prinzipiell gleich: bei Variablen wird eine Instanz erzeugt, die ein Speicherplatz vom Typ „BOOL" ist. Die Funktionsbausteine belegen nach der Instanziierung sowohl Speicherplatz für Variable als auch Verweise auf Funktionen für die durchführbaren Aktionen.

Im Beispiel wird eine Instanz eines vorrangig setzenden Speicherbausteins erzeugt. Den Instanzennamen „FlipFlop" können Sie beliebig wählen:

```
PROGRAM Pulser
VAR
   FlipFlop: SR
END_VAR
```

Schritt 2: Parametrierung
Vor dem Aufruf des Funktionsbausteins im Programm (s. Schritt 3) müssen Sie die Werte für die Eingänge an den Funktionsbaustein übermitteln! Dies nennt man „*parametrieren*". In der Anweisungsliste können Sie auf zwei verschiedene Weisen parametrieren:

a) Aufruf mit Laden und Speichern der Eingangsparameter Sie können die Aktualparameter aber auch bereits vor dem Aufruf in den Formalparametern speichern. Das hat den
Vorteil, dass die Aktualparameter *sofort beim Entstehen* weiterverarbeitet sind.

In den Speicherbefehlen wird der Instanzenname getrennt mit einem Punkt vor dem
Formalparameternamen angegeben. Beim späteren Aufruf des Bausteins werden keine
Parameter mehr übergeben:

```
LD   a
ST   FlipFlop.R    (* Rücksetzen vorbereiten *)
LD   b
ST   FlipFlop.S1   (* Setzen vorbereiten *)
```

b) Aufruf mit der Liste der Eingangsparameter Bei dieser Methode werden die Schritte 2 und 3 zusammengefasst. Beim Aufruf (vgl. Schritt 3) übergeben Sie eine Liste mit
den Aktualparametern. Das Betriebssystem versorgt dann die Formalparameter mit den
aktuellen Werten (vgl. Schritt 2).

In der Klammer hinter dem Instanzennamen des Funktionsbausteins geben Sie den
Namen des Formalparameters an gefolgt von der Zeichenfolge „:=". Danach wird der
Aktualwert, in diesem Fall der Bezeichner von direkten SPS-Eingängen angegeben. Durch
diese Schreibweise sehen Sie die Parameterversorgung „auf einen Blick". *Diese Schreibweise ist in PLC-lite nicht möglich.*

```
CAL FlipFlop (R:=a, S1:=b)
```

Schritt 3: Aufruf im Programm
Den Funktionsbaustein rufen Sie im Programm durch den Operator CAL auf. Durch diesen Funktionsbausteinaufruf wird er ausgeführt, d. h. aus den aktuell anliegenden Eingangssignalen und den im Funktionsbaustein gespeicherten Zwischenwerten werden die
Ausgangssignale ermittelt.

```
CAL FlipFlop       (* Funktionsbaustein ausführen *)
```

Schritt 4: Verwenden der Ausgangswerte
Mit dem LD-Operator können Sie die Ausgangswerte aus dem Funktionsbaustein in das
aktuelle Ergebnis auslesen und anschließend beliebig weiterverwenden, zum Beispiel auf
einen SPS-Ausgang geben.

```
LD   FlipFlop.Q1
ST   x
```

Abb. 6.11 Schaltung zu
Übung 6.11

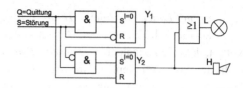

In der Anweisungsliste müssen stets *beide* Anweisungen (Setzen *und* Rücksetzen)
vorkommen, weil jedes Flip-Flop, das gesetzt wurde, auch irgendwann einmal zurückgesetzt werden muss.

Übung 6.11 (ALARM64)

Untersuchen Sie die Alarmschaltung 4 (Abb. 6.11). Wann leuchtet die Lampe und wann
ertönt die Sirene? Vergewissern Sie sich auch, ob die Flip-Flops vorrangig setzend oder
rücksetzend programmiert werden sollten. Die Initialisierung mit dem Wert „0" („I=0")
wird ohne weiteres Zutun erreicht.

Ergänzen Sie das Zeitdiagramm aus Abb. 6.12!

Verwenden Sie in PLC-lite den Prozess „Boiler". Mittels des Handtasters für die
Heizung können Sie eine Störung erzeugen.

```
Zuordnungsliste:
Quitt   Quittungstaste   %IX0.6
Fault   Störungssignal   %IX1.0
Lamp    Meldelampe       %QX1.0
Horn    Warnsignal       %QX0.7
```

6.10   Steuerung zum Füllen und Entleeren eines Messgefäßes

In der chemischen Verfahrenstechnik müssen die einzelnen Bestandteile genau dosiert
werden. Flüssigkeiten werden in einem Gefäß gemessen. Eine Steuerung sorgt dafür, dass
das Gefäß genau gefüllt wird. Das Messgefäß wird immer ganz gefüllt und ganz entleert;
dadurch ist eine exakte Flüssigkeitsmessung gewährleistet. In den folgenden Aufgaben
entwickeln Sie eine Steuerung für ein Messgefäß.

Abb. 6.12 Zeitdiagramm zu
Übung 6.11

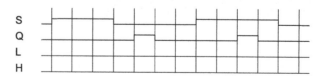

Abb. 6.13 Messgefäß zu
Übung 6.12

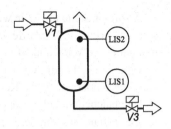

Übung 6.12 (TANK62)

Das Messgefäß (Abb. 6.13) soll so gesteuert werden, dass nach Impulsgabe über einen
Taster „Füllen" Wasser über das Magnetventil V1 einläuft, bis der Zustand „Voll"
vom Grenzsignalgeber LIS2 gemeldet wird. („Leeren" programmieren wir erst in der
nächsten Übung!)
Die LIS geben Signal „1", wenn sie in Flüssigkeit eintauchen.
Erstellen Sie den Logikplan und die Anweisungsliste. Verwenden Sie für die Speicherung die Flip-Flop-Funktionsbausteine SR bzw. RS! (Prozess: „Tanks (small)")

```
Zuordnungsliste:
Start   Behälter füllen (Handtaster)    %IX0.7
LIS2    Oberer Grenzwertgeber           %IX0.2
V1      Einlassventil                   %QX0.1
```

Übung 6.13 (TANK63)

Erweitern Sie das Programm aus Übung 6.12 so, dass bei Impulsgabe über den Taster
„Leeren" das Gefäß über das Ventil V3 entleert wird, bis LIS1 „Leer" signalisiert,
LIS1 also „0"-Signal liefert.

```
Zuordnungsliste (zusätzlich zu vorigen Übung):
S1      Behälter ablassen (Handtaster)  %IX0.6
LIS1    Unterer Grenzwertgeber          %IX0.1
V3      Auslassventil                   %QX0.3
```

Auch diese Lösung zeigt noch Schwächen: Wenn Sie den Leeren-Taster drücken, bevor
der Kessel ganz voll ist, läuft das Wasser durch. Nun kann es sein, dass weder der obere
Grenzwert LIS2 noch der untere Grenzwert LIS1 erreicht wird: die Anlage ist blockiert!

Übung 6.14 (TANK64)

Das Leeren bei der Übung TANK63 soll nur möglich sein, wenn der Behälter ganz
voll ist (LIS2 in Flüssigkeit). Umgekehrt darf auch erst bei ganz leerem Behälter das
Füllen möglich sein (LIS1 nicht in Flüssigkeit). Testen Sie Ihr Programm gründlich,
und kontrollieren Sie auch, ob während des Füllvorgangs nicht entleert und während
des Entleerens nicht gefüllt werden kann! Korrigieren Sie es gegebenenfalls.

An dieser Stelle möchten wir Sie an den Abschn. 2.7 „UND-Verknüpfung als Daten-schalter" erinnern. Mit Hilfe der UND-Verknüpfung können Sie Datenwege abschalten und damit die Wirksamkeit von Eingängen unterbinden. Mit Hilfe dieser Torschaltungen können Sie bei dieser Aufgabe Signale gegenseitig verriegeln und damit beispielsweise verhindern, dass die Kesselentleerung beginnt, bevor der Kessel ganz gefüllt ist.

Untersuchen Sie, ob die beiden Speicher-Flip-Flops vorrangig rücksetzend oder vorrangig setzend sein müssen. Zeichnen Sie auch für diese Aufgabe den Logikplan!

Übung 6.15 (TANK65)

Bei der gleichen Anordnung wie in der vorigen Übung 6.14 soll nun der Handtaster zum Entleeren entfallen. Das Gefäß soll sofort automatisch geleert werden, wenn es vollgelaufen ist.

Erstellen Sie den zugehörigen Logikplan, die Anweisungsliste und testen Sie Ihr Programm mit der SPS und dem verfahrenstechnischen Prozessmodell.

Prüfen Sie, wie sich die Anlage verhält, wenn der Taster „Füllen" während der ganzen Zeit festgehalten (in gedrückter Stellung blockiert) wird!

Übung 6.16 (SWITCH61)

Versuchen Sie, einen „Druckschalter" zu programmieren: abwechselnd sollen durch das Drücken *eines* Tasters (nicht zwei Taster!) eine Lampe ein- und wieder ausgeschaltet werden. Also: der gleiche Taster dient sowohl zum Ein- als auch zum Ausschalten der Lampe (wie es z. B. bei Nachttischlampen üblich ist.)

Hinweis:

Diese Aufgabe ist mit dem jetzigen Wissen nur schwer zu verwirklichen; im Abschn. 12.1 wird eine systematische Lösungsmöglichkeit durch Programmierung als „Ablaufsteuerung" gezeigt. Es lohnt sich aber, wenn Sie sich an diesem Problem jetzt schon einmal versuchen (ohne hinten zu „spicken") um später die Vorteile des systematischen Vorgehens umso besser zu erkennen.

Zeitfunktionen mit SPS

7

Zusammenfassung

In sehr vielen Prozessen muss ein Ereignis eine ganz bestimmte Zeit andauern. Die Steuerung muss dann auf ein Startsignal hin eine bestimmte Zeit wie eine Stoppuhr ablaufen. Am Ende dieser Zeit müssen weitere Aktionen vom Programm ausgelöst werden. Mit einer SPS kann man Zeiten von 1/100 Sekunde und weniger bis 1 Stunde und mehr einstellen.

In diesem Kapitel zeigen wir Ihnen, wie bei der SPS für unterschiedliche Aufgaben die passenden Zeitgebertypen ausgewählt und eingesetzt werden können.

In einer SPS gibt es mehrere unterschiedliche Typen von Zeitgebern, die unabhängig voneinander auf unterschiedliche Zeiten eingestellt und gestartet werden können und sich in der Reaktion auf den Startimpuls unterscheiden. Das in der SPS gebräuchliche Wort für Zeitgeber ist „Timer", ein Kunstwort, welches von „Timekeeper" abgeleitet ist, dem englischen Begriff für den Zeitnehmer im Sport.

Damit die Zeitgeber unabhängig voneinander arbeiten können, müssen sie jeweils einen eigenen Speicherbereich für die internen Variablen haben. Zeitgeber sind daher genauso „Funktionsbausteine" wie die Signalspeicher RS- und SR-Flip-Flop.

7.1 Zeitgeber für Pulse

Zunächst betrachten wir nur die „einfache" Zeitfunktion (Abb. 7.1): das Zeitglied hat einen Ausgang, der ‚1'-Signal führt, solange die Zeit läuft, und ‚0'-Signal, wenn die Zeit abgelaufen ist. Dieser Timer erzeugt also einen Impuls. Seine Bezeichnung ist nach der Norm „Puls" oder TP („Timer-Puls", engl. *time* = Zeit). Es handelt sich um einen Funktionsbaustein; er muss also ganz ähnlich wie das bereits behandelte Flip-Flop instanziiert, parametriert und aufgerufen werden.

© Springer-Verlag Berlin Heidelberg 2015
H.-J. Adam, M. Adam, *SPS-Programmierung in Anweisungsliste nach IEC 61131-3*,
DOI 10.1007/978-3-662-46716-9_7

Abb. 7.1 Funktionsbaustein
Impuls

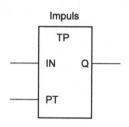

Der Timer hat zum Start/Stopp den Eingang „IN" und läuft, solange dieser Start/Stopp-Eingang ‚1' ist.

Der zweite Eingang „PT" dient zum Einstellen der Zeit. (engl. *preset* = festlegen, einstellen; time = Zeit). An diesem Eingang müssen Zeitwerte (z. B. 100 ms) angelegt werden. Um im SPS-Programm die Zeit-Werte in das aktuelle Ergebnis zu laden verwenden Sie wie bisher den LD-Befehl. [1]

Die Anweisung heißt: LD Value1. Für Value1 können Sie z. B. für eine Zeit von 1.0 Sekunden t#1000ms eingeben. Weitere Informationen, welche Zeitwerte in PLC-lite verwendbar sind finden Sie in Kap. 16 in der Tab. 16.4.

Den Timer rufen Sie mit seinem Instanzennamen auf. Die Parametrierung erfolgt wie bei den Flip-Flops bereits gelernt durch die vorherige Zuweisung der aktuellen Parameterwerte auf die Formalparameter. Den Ausgang Q können Sie mit dem LD-Operator abfragen. Um auf die Ein-/Ausgänge der Instanz zuzugreifen, geben Sie wie gewohnt erst den Instanzennamen an, gefolgt von einem Punkt und daran anschließend den Namen des Ein- oder Ausgangs.

Beispiel 7.1 (Impulse)

Programmbeispiel für den Aufruf des Funktionsbausteines „Timer" nach vorausgehendem Laden und Speichern der Eingangsparameter:

```
PROGRAM Impulse
VAR
   Start AT %IX0.0: bool
   Lamp  AT %QX0.0: bool
   Impuls :        TP
END_VAR
   LD   Start
   ST   Impuls.IN
   LD   t#1000ms
```

---

[1] Diese Eigenschaft, dass der LD-Operator unterschiedliche Datentypen verarbeiten kann, nennt man „überladen". Die geladene Zahl speichern Sie danach einfach mit dem ST-Befehl an den gewünschten Ort, zum Beispiel auf den Eingang Impuls.PT des Timers. Auch der ST-Operator ist überladen und kann mehrere Datentypen verarbeiten! Im Abschn. 8.1 erfahren Sie mehr über das Thema „Datentypen".

Abb. 7.2 Zeitdiagramm zu
Übung 7.1 (MIXER71)

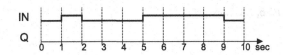

```
ST   Impuls.PT
CAL  Impuls
LD   Impuls.Q
ST   Lamp
END_PROGRAM
```

Haben Sie bemerkt, dass eine Zahl, die als Zeit eingegeben wird, mit dem Zeichen „t#"
eingeleitet wird? Sie können die Zeiteinheit in einer beliebigen Kombination aus ms, s, m,
h oder d (Millisekunden, Sekunden, Minuten, Stunden oder Tagen) angeben.

Zur Anwendung des Impulstimers müssen Sie ihn erst *instanziieren*.
Nach Versorgen der Parameter wird der Timer durch den Operator CAL aufgerufen.

Übung 7.1 (MIXER71)

Nach Betätigen eines Starttasters soll ein Rührer drei Sekunden lang laufen. Programmieren Sie die Rührersteuerung und testen Sie das Verhalten. Verwenden Sie das Zeitdiagramm Abb. 7.2!

Verkürzen und verlängern Sie die Laufzeit! Wie wird der Zeitablauf durch den Taster beeinflusst? Prüfen Sie insbesondere das Verhalten der Schaltung, wenn der Taster
vorzeitig losgelassen oder innerhalb der Zeit mehrmals gedrückt wird! Beschreiben Sie
in Worten die Vorgänge bei dieser Steuerung! Hinweis: Verwenden Sie den Prozess
„Boiler"! Ergänzen Sie das Zeitdiagramm (1 Teilstrich = 1 Sekunde)!

Übung 7.2 (MIXER72)

Es soll eine Kontrolllampe leuchten, während der Rührer läuft.

Übung 7.3 (MIXER73)

Der Rührer in Übung 7.2 soll nun auch dann noch weiterlaufen, wenn zwar die Zeit
abgelaufen ist, aber der Taster immer noch gedrückt ist. Dabei soll die Lampe nur
leuchten, solange der Timer läuft. (Vergessen Sie nicht, den Funktionsplan zu zeichnen.)

Erweitern Sie das Programm so, dass Sie mit einem zweiten Schalter den Ausgang
jederzeit zurücksetzen können.

Abb. 7.3 Messgefäß

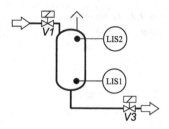

7.2 Füllen und Entleeren mit Zeitsteuerung

Bei der Steuerung zum Messgefäß in Abb. 7.3 können viele zeitabhängige Aufgaben-
stellungen vorkommen. Vielleicht darf der Kessel nach dem Füllen nicht sofort geleert
werden, weil sich die Flüssigkeit erst beruhigen muss, oder man darf nach dem Leeren das
Ventil nicht sofort schließen, damit je nach Viskosität des Stoffes der Kessel vollständig
leerlaufen kann.

```
Zuordnungsliste:
S1       Behälter ablassen         %IX0.6
S2       Messgefäß füllen          %IX0.7
LIS1     Unterer Grenzwertgeber    %IX0.1
LIS2     Oberer Grenzwertgeber     %IX0.2
V1       Einlassventil             %QX0.1
V3       Auslassventil             %QX0.3
Horn     Hupe                      %QX0.7
```

Übung 7.4 (TANK71)

Das Messgefäß in Abb. 7.3 ist zu füllen. Sobald es voll ist, soll ein Hupsignal eine
Sekunde lang ertönen. Erst nach Ablauf dieser Zeit darf Entleeren möglich sein.

Übung 7.5 (TANK72)

Nach dem Entleeren des Messgefäßes soll das Ventil V3 noch drei Sekunden lang offen
bleiben, damit der Kessel völlig leerlaufen kann. Erst nach Ablauf dieser Zeit darf der
Füll-/Entleervorgang wieder möglich sein.

Bei der Übung 7.5 muss der Geber LIS1 mehrmals abgefragt werden. Dabei kann es
vorkommen, dass der Behälter genau zwischen den beiden Abfragen leerläuft, und damit
LIS1 jeweils unterschiedliche Werte liefert. Bei einer SPS werden diese Peripherie-Werte
üblicherweise nicht direkt während des laufenden Zyklus auf die Variablen übertragen,
sondern jeweils vor Beginn eines neuen Zyklus (siehe Abschn. 6.5), sodass dieser Fall
keine Störung verursachen kann.

7.3   Blinklichter und Generatoren

Mit zwei verschiedenen Zeitgliedern lässt sich eine Schaltung realisieren, die selbständig schwingt. Der erste Zeitgeber wird gestartet, wenn der Zweite nicht (mehr) läuft; der
Zweite wird gestartet, wenn der Erste abgelaufen ist: die Zeitglieder schalten sich gegenseitig.

Beispiel 7.2 (Generator falsch)

Das folgende Programmbeispiel scheint das zu tun:

```
program GeneratorERROR
var
   Impuls1:          TP
   Impuls2:          TP
   Lamp AT %QX0.0: bool
end_var
   ld   t#1000ms       (* Zeiten einstellen          *)
   st   Impuls1.pt
   st   Impuls2.pt
   ldn  Impuls2.q      (* läuft Timer2?              *)
   st   Impuls1.in     (* wenn nein Timer1 starten   *)
   ldn  Impuls1.q      (* läuft Timer1?              *)
   st   Impuls2.in     (* wenn nein Timer2 starten   *)
   cal  Impuls1        (* Timer aufrufen             *)
   cal  Impuls2
   ld   Impuls1.q
   st   Lamp
end_program
```

Übung 7.6 (FLASH71)

Testen Sie das Programmbeispiel 7.2. Stellen Sie fest, dass es nicht richtig funktioniert,
obwohl das Programm nach der Überlegung von oben richtig zu sein scheint. Um den
Fehler zu finden versuchen Sie zu ergründen, wie die Zeitgeber ganz zu Programmbeginn anlaufen und was geschieht, wenn ein Zeitglied abgelaufen ist!

Dem Fehler können Sie systematisch auf die Spur kommen, wenn Sie das Programm
in Einzelschritten „durchsteppen" (Abb. 7.4). In PLC-lite werden in diesem Fall die
Timer so gesteuert, dass sie im Takt mit den Einzelschritten ablaufen. Sie laufen also
nicht in Echtzeit ab, sondern werden angehalten solange Sie das Programm in einem
Schritt stehenlassen.

Überprüfen Sie die Zeitpunkte, zu denen die Timer gestartet bzw. aktualisiert werden.

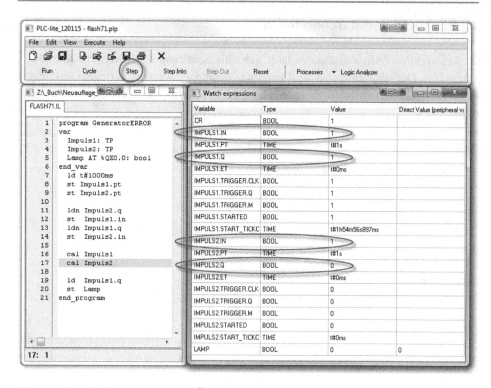

Abb. 7.4 PLC-lite im Step-Modus zu Übung 7.6

In Abb. 7.4 läuft das Programm GeneratorERROR in PLC-lite im Einzelschrittmodus. Jeder Klick auf „Step" führt einen weiteren Befehl der Anweisungsliste aus. Im Beispiel sind wir bei Zeile 17 angekommen. Der nächste Schritt würde mit `cal Impuls2` den Timer 2 ausführen.

Im Fenster mit den „Watch expressions" können Sie erkennen, dass der Timer `Impuls1` bereits gestartet ist und den Ausgangswert `IMPULS1.Q` = „1" hat. Mit dem nächsten Schritt wird Timer `Impuls2` gestartet werden und dann wird sein Ausgang `IMPULS2.Q` ebenfalls = „1". Am Ende des ersten Zyklus laufen also *beide* Timer: Blinken ist auf diese Weise unmöglich! Sie erkennen: die Timer werden immer dann aktualisiert, wenn sie mit `cal Timer..` aufgerufen werden. Bis zum nächsten Aufruf bleibt der Ausgangswert erhalten. Zu Beginn des ersten Zyklus ist *keiner* der Timer gestartet, sodass im ersten Zyklus bereits *alle beide* Timer das Startsignal erhalten. So kann das Lauflicht nicht funktionieren!

Die Lösung dieses Problems ist einfach: Das Problem liegt hier darin, dass der Impuls1 abgefragt wird, *bevor* er mit dem Befehl `cal Impuls1` aktualisiert wird. Sie können dieses Problem umgehen, wenn Sie die Timer gleich starten sobald die Bedingungen dafür vorliegen, d. h. Sie halten die Reihenfolge E-V-A (Eingabe – Verarbeitung – Ausgabe) genau ein und schieben möglichst keine anderen Schritte dazwischen:

```
ldn  Impuls2.q
st   Impuls1.in    (* E: Wert eingeben        *)
cal  Impuls1       (* V: verarbeiten im Timer *)
ldn  Impuls1.q     (* A: Ergebnis ausgeben    *)
st   Impuls2.in
cal  Impuls2
```

Jetzt ist bei der Abfrage von Impuls1 (auch im allerersten Zyklus!) der Timer1 bereits gestartet, und das Programm startet *nicht* den Timer2 und läuft sofort richtig an.

> Die Timer werden aktualisiert, wenn sie mit `cal Timer` aufgerufen werden. Bis zum nächsten Aufruf bleibt der Ausgangszustand `Timer.q` erhalten.

Für das Tastverhältnis k und die Schwingungsfrequenz f gilt:

$$k = \frac{\text{Einschaltdauer}}{\text{Gesamtdauer}} = \frac{T_1}{T_1 + T_2} \tag{7.1}$$

$$f = \frac{1}{\text{Gesamtdauer}} = \frac{1}{T_1 + T_2} \tag{7.2}$$

Übung 7.7 (FLASH72)

Programmieren Sie die SPS für ein Blinklicht und testen Sie das Programm!

Bestimmen Sie Frequenz und Tastverhältnis! Verändern Sie beide Werte, auch unabhängig voneinander. Fügen Sie auch noch Taster zum Starten und Stoppen des Blinkers ein.

Erweitern Sie das Programm zu einem „Wechselblinker", d. h. zwei Lämpchen blinken abwechselnd!

7.4 Alarmschaltung 5

Übung 7.8 (ALARM71)

Analysieren Sie die Funktion der Alarmschaltung 5 (Abb. 7.5), ergänzen Sie das Zeitdiagramm Abb. 7.6 und programmieren Sie die SPS!

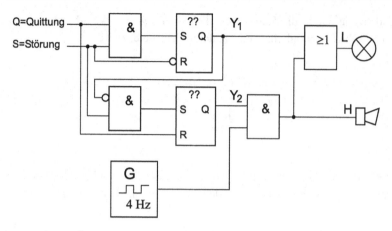

Abb. 7.5 Schaltung zu Übung 7.8 und Übung 7.9

Abb. 7.6 Zeitdiagramm zu
Übung 7.8 und Übung 7.9

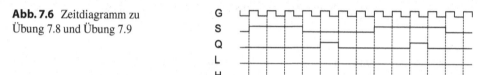

Übung 7.9 (ALARM72)

Erweitern Sie die Alarmschaltung 5 aus Übung 7.8 so, dass nach Betätigung der Quittierung die Hupe sofort aufhört, die Lampe aber noch 5 Sekunden weiterblinkt und erst danach zum Dauerlicht übergeht, wenn die Störung noch andauert!

7.5 Verwenden mehrerer Timer: Lauflichter

Als Lauflicht bezeichnet man eine Kette von Lämpchen, die abwechselnd nacheinander aufleuchten. Die Schaltung zur Steuerung dieser Lämpchen hat mehrere Ausgänge; so viele, wie Lampen angesteuert werden müssen. Die Schaltung kann man auch als einen Generator mit mehreren Ausgängen auffassen, der auf den verschiedenen Ausgängen aufeinanderfolgende Impulse abgibt.

Wir wollen dieses zunächst gar nicht so schwierig erscheinende Thema in Schritten angehen. Als Erstes bauen wir uns ein „Minilauflicht", bestehend aus nur zwei Lampen, die abwechselnd blinken sollen (Abb. 7.7).

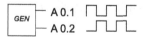

Abb. 7.7 Generator mit zwei Ausgängen und Beispiel für Ausgangsimpulse (vgl. Übung 7.7)

Die Erweiterung der Übung 7.7 auf den „Wechselblinker" ist genau diese Aufgabe! Darauf greifen wir zurück und gehen im Beispiel 7.3 gleich an die Erweiterung auf drei Lämpchen.

Beispiel 7.3 (Lauflicht mit drei Lämpchen)

Für die Erweiterung auf drei Lämpchen drängt sich die schnelle Lösung auf, das Programm aus Übung 7.7 einfach um den dritten Impuls3 zu erweitern:

```
program Flash73ERROR
var
   Impuls1:            TP
   Impuls2:            TP
   Impuls3:            TP
   Lamp1 AT %QX0.0: BOOL
   Lamp2 AT %QX0.1: BOOL
   Lamp3 AT %QX0.2: BOOL
end_var
   ld t#1s
   st Impuls1.pt
   st Impuls2.pt
   st Impuls3.pt

   ldn Impuls3.q     (* Impuls3 testen *)
   st  Impuls1.in
   cal Impuls1
   ldn Impuls1.q     (* Impuls1 testen *)
   st  Impuls2.in
   cal Impuls2
   ldn Impuls2.q     (* Impuls2 testen *)
   st  Impuls3.in
   cal Impuls3

   ld  Impuls1.q
   st  Lamp1
   ld  Impuls2.q
   st  Lamp2
   ld  Impuls3.q
   st  Lamp3
end_program
```

Das funktioniert aber nicht: Sie müssen beim Starten eines Timers immer testen ob *beide* anderen Timer gerade laufen!

Abb. 7.8 Generator mit drei
Ausgängen und Beispiel für
Ausgangsimpulse

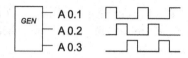

Übung 7.10 (FLASH73)

Erstellen Sie nun ein Programm für ein Lauflicht mit drei LEDs (Abb. 7.8). Vielleicht
können Sie es auch auf mehr Lämpchen erweitern?

7.6   Zeitglied mit Einschaltverzögerung

Wir betrachten ein weiteres Zeitglied. Bei diesem wird das Ausgangssignal Q erst nach
einer Verzögerungszeit logisch ,1', sofern das Eingangssignal dann noch ansteht. Danach
bleibt der Ausgang ,1' solange das Eingangssignal ,1' ist.

Dieses Zeitglied reicht gewissermaßen den Eingangsimpuls erst nach Ablauf einer gewissen Verzögerungszeit weiter. Andererseits kann man das auch so sehen, dass (zu) kurze
Eingangsimpulse unterdrückt werden.

Die zeitlichen Abläufe können Sie mit Hilfe des Logic Analyzers studieren. In
Abb. 7.10 sehen Sie einen beispielhaften Ablauf: Die obere Linie zeigt das Eingangssignal, die untere das Signal am Ausgang.

Erkennen Sie, dass das Ausgangssignal erst nach einer gewissen Zeit erscheint? Das
Ausgangssignal wird dann ,0' wenn auch der Eingang ,0' wird. Ist das Eingangssignal zu
kurz, erscheint am Ausgang überhaupt keine Reaktion.

Abb. 7.9 Timer mit Einschaltverzögerung

```
          ┌──────────┐
          │   TON    │
       ───┤ IN    Q  ├───
          │          │
       ───┤ PT       │
          └──────────┘
```

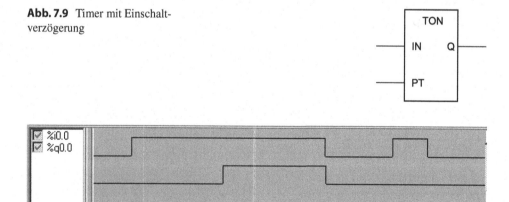

Abb. 7.10 Zeitdiagramm im Logic Analyzer

Übung 7.11 (FLASH75)

Testen Sie das folgende Programmbeispiel 7.4.

Achtung, nach Programmstart sollte im Standardprozess zunächst gar nichts zu sehen sein. Erst wenn Sie den Taster an %Q0.0 mindestens eine Sekunde lang gehalten haben beginnt die Lampe zu leuchten.

Beobachten Sie, wie lange der Ausgang %q0.0 logisch ,1' bleibt, wenn Sie die Taste wieder loslassen.

Testen Sie dieses Zeitglied ausgiebig, um in den folgenden Übungen weitere Anwendungsmöglichkeiten zu erproben. Verwenden Sie auch den Schrittmodus und den Logic Analyzer!

Beispiel 7.4 (Einschaltverzögerung)

```
Program Einschalt
var
   Pulse: TON
   Start AT %IX0.0: bool
   Lamp  AT %QX0.0: bool
end_var
   ld    Start
   st    Pulse.IN
   ld    t#1000ms
   st    Pulse.PT
   cal   Pulse       (* Timer starten *)
   ld    Pulse.Q
   st    Lamp
end_program
```

7.7 Start/Stopp-Generator mit nur einem Zeitglied

Einen Generator können Sie zwar schon bauen, aber er hat den Nachteil, dass dazu zwei Timer nötig sind. In diesem Abschnitt werden wir eine Generatorschaltung mit nur einem einzigen Zeitglied kennenlernen. Die Schaltung arbeitet mit der Einschaltverzögerung und einer „Rückkopplung" vom Ausgang auf den Eingang.

Betrachten Sie noch einmal das Zeitglied „Einschaltverzögerung". Erinnern Sie sich an die Arbeitsweise: liegt am Eingang IN eine ,1' an, dann wird der Ausgang Q am Ende der Verzögerungszeit ,1'. Wenn Sie kurz nach Erscheinen dieser ,1' an den Eingang eine ,0' legen, wird der Ausgang augenblicklich auch wieder zu ,0'.

Jetzt beginnen wir das Spiel wieder von vorn und legen wieder eine ,1' an den Eingang. Was passiert? Genau, der Ausgang wird wieder ,1', aber nicht sofort, sondern erst nach der

Abb. 7.11 Schaltung
„Start/Stopp-Generator mit
nur einem Zeitglied" zum Beispiel 7.5 (Impulse)

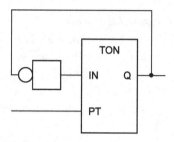

Verzögerungszeit. Wenn jetzt der Eingang wieder ‚0' wird, ist es mit der ‚1' am Ausgang
vorbei: es entsteht am Ausgang nur ein (kurzer) Impuls!

Das machen wir nun zur Methode, und legen an den Eingang stets das Ausgangssignal
negiert an. Dann haben wir die in Abb. 7.11 dargestellte Schaltung. Dass diese Schaltung tatsächlich dauernd Impulse erzeugt, werden wir gleich noch genauer untersuchen.
Zunächst aber die Schaltung als SPS-Anweisungsliste:

Beispiel 7.5 (Impulse)

Programmcode „Start/Stopp-Generator mit nur einem Zeitglied":
Dieses Programm gibt regelmäßige Impulse ab, die aber nur von sehr kurzer Zeitdauer
sind.

```
Program Impulse
var
   Pulse: TON
   Lamp AT %QX0.0: bool
end_var
   ldn Pulse.Q    (* Ausgang negiert laden und   *)
   st  Pulse.IN   (* auf den Eingang rückkoppeln *)
   ld  t#500ms
   st  Pulse.PT
   cal Pulse      (* Timer starten               *)
   ld  Pulse.Q
   st  Lamp
end_program
```

Das Beispiel 7.5 muss genauer analysiert werden. Dazu beschreiben wir nun die Arbeitsweise Schritt für Schritt. Verfolgen Sie den Programmlauf unter Zuhilfenahme von
Tab. 7.1.

Wir betrachten den *n*-ten Zyklus. Das ist der letzte Zyklus, bei dem der Ausgang noch
‚0' ist. Wegen `ldn Pulse.Q` liegt an `Pulse.IN` eine ‚1'. Sobald die Verzögerungszeit des Timers abgelaufen ist, wird beim Abarbeiten von `cal Pulse` der Ausgang
`Pulse.Q` zu ‚1'. Im darauffolgenden Zyklus wird mit `ldn Pulse.Q` dieses Signal

Tab. 7.1 Übergänge nach Ablauf der Verzögerungszeit

	n. Zyklus	n+1. Zyklus	n+2. Zyklus
ldn Pulse.Q	Ausgang ist ‚0'	Ausgang ist ‚1'	Ausgang ist ‚0'
st Pulse.IN	Verzögerungszeit läuft	Timer wird gestoppt	Verzögerungszeit startet wieder
cal Pulse	Ausgang wird ‚1', wenn Zeit abgelaufen ist	Ausgang wird ‚0'	Ausgang wird ‚1', wenn Zeit abgelaufen ist

invertiert (also als ‚0') an den Eingang `Pulse.IN` gelegt. Aber erst beim Erreichen der Anweisung `cal Pulse` wird der Ausgang des Timers zu ‚0' werden.

Der Timer hatte also exakt einen Zyklus lang den Ausgang auf ‚1'! Ab dem nächsten Zyklus beginnt wieder die Verzögerungszeit zu laufen, weil ja nun der Eingang `Pulse.IN` wieder eine ‚1' erhält.

Übung 7.12 (FLASH76)

Schreiben Sie das Beispielprogramm 7.5 ‚Impulse' ab und testen Sie es im Schrittmodus.

Die Impulsdauer ist genau eine SPS-Zyklusdauer. Deshalb werden Sie auch am Ausgang `%q0.0` nur im Step-Modus oder unter Zuhilfenahme des Logic Analyzers etwas beobachten können.

7.8   Anmerkung zur Anzeige der sehr kurzen Impulse

Sie können die Impulse auf jeden Fall sichtbar machen, indem Sie sie durch einen Impuls verlängern. Sie können das mit dem Beispielprogramm 7.6 tun.

Beispiel 7.6 (ImpulseLang)

Dieses folgende Beispielprogramm „ImpulseLang" gibt regelmäßige Impulse ab, deren Impulsdauer mittels des Timers LED verlängert wurden und damit wahrnehmbar werden:

```
Program ImpulseLang
var
    LED:    TP       (* Impulsverlängerer        *)
    Pulse: TON
    Lamp AT %QX0.0: bool
end_var
    ldn Pulse.Q      (* Ausgang negiert laden und    *)
    st  Pulse.IN     (* auf den Eingang rückkoppeln *)
    ld  t#500ms
    st  Pulse.PT
```

```
    cal Pulse      (* Timer starten              *)
    ld  t#150ms    (* Pulsdauer verlängern        *)
    st  LED.PT
    ld  Pulse.Q
    st  LED.IN
    cal LED
    ld  LED.Q      (* Ausgang des LED-Timers      *)
    st  Lamp
end_program
```

Im Abschn. 8.7 werden wir die Impulse mit einem Zähler „zählen" und dadurch indirekt sichtbar machen.

Zähler mit SPS

8

Zusammenfassung

Zur Realisierung vieler Steuerungsaufgaben (z. B. Mengen- oder Stückzahlauswertungen, Auswertung von Zeiten, Drehzahlen oder Entfernungen) werden Zählfunktionen benötigt. Die im Automatisierungsgerät eingebauten Zähler können als Vorwärts- oder Rückwärtszähler betrieben werden.

In diesem Kapitel werden wir uns mit den Zählern und den Datentypen für Zahlen befassen.

Bis zum Kap. 6 hatten wir ausschließlich logische Datentypen verwendet: die Werte von Variablen, Ein- und Ausgängen hatten nur die Werte ‚1' (‚true') oder ‚0' (‚false'). Im Programmkopf wurden diese Variablen mit dem Typ ‚Bool' bezeichnet. Für den Typ Bool reicht ein Speicherbit, z. B. %IX0.0.

Im Kap. 7 „Zeitfunktionen" kam ein weiterer Datentyp hinzu: die Zeiten. Zeiten sind keine logischen Werte, sind also nicht vom Typ ‚Bool'; wir hatten sie aber immer als Konstante im Programm direkt angegeben, aber nie als Variable verwendet. Da wir keine Zeitvariablen verwendet haben, mussten wir auch nicht im Programmkopf deklarieren, wir mussten also nicht wissen, dass sie mit dem Typ ‚Time' bezeichnet werden.

8.1 Datentypen

Bei den Zählern kommen wir aber nicht darum herum, einen weiteren Datentyp, eben „Zahlen" auch als Variable zu verwenden, die im Programmkopf deklariert werden müssen. Bereits im ersten Kapitel dieses Buches haben wir uns mit Zahlen befasst. Aus Tab. 1.2 können Sie die Positionenwerte der Dualzahlen entnehmen.

Verwendet man 8 Stellen, dann ist die größte darstellbare Zahl:

$$2^7 + 2^6 + 2^5 + 2^4 + 2^3 + 2^2 + 2^1 + 2^0 = 128 + 64 + 32 + 16 + 8 + 4 + 2 + 1 = 255$$

© Springer-Verlag Berlin Heidelberg 2015

H.-J. Adam, M. Adam, *SPS-Programmierung in Anweisungsliste nach IEC 61131-3*,
DOI 10.1007/978-3-662-46716-9_8

Die SPS kann also den Zahlenbereich 0. . .255 in einem 8 bit = 1Byte großen Speicher darstellen. Dieser Datentyp heißt nach IEC 61131 „vorzeichenlose kurze Integerzahl" oder „ganze Zahl": USINT (engl. *unsigned short integer*). Was ‚unsigned' bedeutet erklären wir etwas später.

Diese Byte-Werte können auf %IB0 für das unterste Eingangsbyte bzw. %QB0 für das unterste Ausgangsbyte deklariert werden:[1]

```
var
   Zahl8bitIn  AT %IB0: USINT   (* mit Datentyp *)
   Zahl8bitOut AT %QB0: USINT
end_var
```

$$01000011_{\text{USINT}} = 67_{\text{dez}} \tag{8.1}$$

$$10000011_{\text{USINT}} = 131_{\text{dez}} \tag{8.2}$$

Aus den reinen Speicherwerten allein kann die SPS nicht erkennen, ob es sich um acht einzelne logische Werte (Bitfolge) handelt, oder ob die 8 Bit eine USINT-Zahl bedeuten. Daher ist die Typangabe bei der Deklaration unerläßlich.

Nimmt man einen 16 *bit* = 1 *Wort* großen Speicher, kann der Zahlenbereich von 0 *bis* $(2^{15} + 2^{14} + \ldots + 2^0) = 65535$ dargestellt werden. Der Datentyp heißt UINT als Abkürzung von ‚unsigned integer': Diese 16 Bit-Werte werden als %IW0 für das unterste Eingangswort bzw. %QW0 für das unterste Ausgangswort deklariert:

```
var
   Zahl16bitIn  AT %IW0: UINT
   Zahl16bitOut AT %QW0: UINT
end_var
```

Den Zusammenhang zwischen den Speicherwerten für Bit, Byte und Wort mit den passenden Zahlen können Sie der Abb. 8.1 entnehmen. Weil zwei Bytes ein Wort ergeben, bezeichnen %IB1 und %IB0 zusammen dieselben Eingänge wie %IW0.

Wir können nicht nur ein einzelnes Bit ansprechen wie bisher (%IXa.b oder %QXa.b), sondern ein ganzes „Byte", also 8 Bit auf einmal oder auch ein ganzes „Wort" mit 16 Bit! Das „unterste" Wort hat die Nummer 0 und wird mit %IW0 bzw. %QW0 angesprochen. Das nächsthöhere Wort wird mit %IW1 bzw. %QW1 bezeichnet.

Will man nicht nur positive, sondern auch negative Zahlen darstellen, dann geht das nicht so einfach, weil es keine Speicher für ein „Minus-" bzw. „Pluszeichen" gibt: es können nur Bits dargestellt werden. Als Ausweg trifft man folgende Übereinkunft: steht an erster Stelle eine ‚0', dann sollen die folgenden Bits als positive Zahl interpretiert werden. Beginnt die Zahl aber mit einer ‚1', dann soll es sich um eine negative Zahl handeln. Das

---

[1] Hinweis zur zweistelligen Schreibweise für ein einzelnes Bit:
Vor dem Punkt steht die Byte-Adresse; die Zahl nach dem Punkt gibt die Position des Bit innerhalb dieses Bytes an. Die Angabe %IX1.0 spricht also im Eingangsbyte %IB1 das Bit Nummer 0 an.

Abb. 8.1 Zusammenhang
zwischen Bit, Byte und Wort

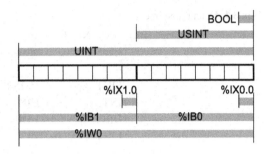

erste Bit dient als „Vorzeichen". Der darstellbare Zahlenbereich bei 8 Bit reicht nun von
$-128 \ldots 0 \ldots + 127$. Diesen Datentyp nennt man „kurze Integerzahl": SINT.[2]

Auch die vorzeichenbehaftete Zahl kann man mit %IB0 für das unterste Eingangsbyte
bzw. %QB0 für das unterste Ausgangsbyte deklarieren:

```
var
  VorzeichenZahl8bitIn  AT %IB0: SINT
  VorzeichenZahl8bitOut AT %QB0: SINT
end_var
```

$$01000011_{SINT} = 67_{dez} \qquad (8.3)$$

$$10000011_{SINT} = -126_{dez} \qquad (8.4)$$

Die gleiche Bitfolge 10000011 ergab als USINT-Typ einen anderen Dezimalwert! Die
Datentypen USINT (vorzeichenlose Zahl) oder SINT (vorzeichenbehaftete Zahl) *können*
bei derselben Bitfolge unterschiedlichen Dezimalwerten entsprechen. Es ist daher von
größter Bedeutung, die Datentypen nicht zu verwechseln.

Die 16-Bit-Zahlen mit Vorzeichen sind „Integerzahlen" vom Datentyp INT, dessen
Wertebereich von $-32768 \ldots 0 \ldots + 32767$ reicht. Die Werte werden mit %IW0 für das
unterste Eingangswort bzw. %QW0 für das unterste Ausgangswort deklariert:

```
var
  VorzeichenZahl16bitIn  AT %IW0: INT
  VorzeichenZahl16bitOut AT %QW0: INT
end_var
```

Zahlen mit der Länge von 32 Bit bilden die Datentypen ‚double integer' DINT bzw.
‚unsigned double integer' UDINT oder ‚double word' DWORD. Die 64 Bit langen Datentypen sind: ‚long integer' LINT bzw. ‚unsigned long integer' ULINT und ‚long word'
LWORD (vgl. Tab. 8.1).

---

[2] Wie man aus der Bitfolge die negative Zahl errechnet, werden wir in diesem Buch nicht behandeln. Wer hierüber mehr erfahren will, kann den Begriff „Zweierkomplement" in z. B. Wikipedia
nachschlagen.

Tab. 8.1 Datentypen in der SPS

Länge (Bit)	ANY_NUM		ANY_BIT
	signed	unsigned	
1	–	–	BOOL
8	SINT	USINT	BYTE
16	INT	UINT	WORD
32	DINT	UDINT	DWORD
64	LINT	ULINT	LWORD

Die IEC 61131 fasst die arithmetischen Zahlentypen in einem übergeordneten Typ `ANY_NUM` und die binären Bitfolgetypen in `ANY_BIT` zusammen. In Kap. 16, Tab. 16.5 sind die in PLC-lite verfügbaren Datentypen aufgelistet.

Um im SPS-Programm die Zahlen-Werte in das aktuelle Ergebnis zu laden, verwenden Sie wie bisher den `LD`-Befehl, unabhängig vom jeweiligen Datentyp. Die Anweisung heißt z. B. `LD Value1`. Die Eigenschaft, dass der `LD`-Operator überladen werden kann haben Sie schon im vorigen Kap. 7 (siehe Fußnote im Abschn. 7.1) kennengelernt. Hier in diesem Kapitel werden `USINT`-Werte verarbeitet.

Im Schrittmodus von PLC-lite können Sie im Fenster 'Watch Expressions' die Zuweisung der unterschiedlichen Datentypen mit den aktuellen Werten ablesen. Insbesondere können Sie verfolgen, welche Datentypen jeweils im 'Aktuellen Ergebnis' (CR) stehen.

Die geladene Zahl speichern Sie danach einfach mit dem `ST`-Befehl an den gewünschten Ort, zum Beispiel auf den Ausgang `%QB1`. Die Anweisung heißt zum Beispiel: `ST Out`. Auch der `ST`-Operator ist überladen und kann mehrere Datentypen verarbeiten!

Beispiel 8.1

```
Program Integer
var
  Value AT %IB0: SINT
  Out   AT %QB0: SINT
end_var
  ld   Value
  st   Out
end_program
```

Übung 8.1 (INOUT81)

Mit dem Programm aus Beispiel 8.1 (Abb. 8.2) können Sie das Einlesen und Ausgeben der Zahlen ausprobieren. Verwenden Sie auch die anderen Datentypen!

Verwenden Sie sowohl die Standard-I/O- als auch die hexadezimale Ziffern-Anzeige (Prozess „HEX-Output"). Vergleichen Sie die Zahlen in der dualen mit der hexadezimalen Darstellung.

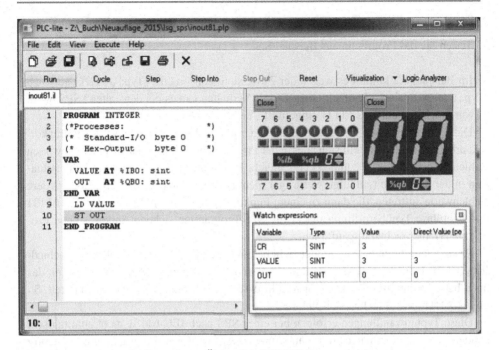

Abb. 8.2 PLC-lite im Schrittmodus zu Übung 8.1 (INOUT81)

Sie können alle Prozesse gleichzeitig laden. Durch Klicken auf die kleine Ziffer können Sie die Byte-Nummer umschalten, über die der Prozess an der SPS „angeschlossen" werden soll. Passen Sie im Programm die Bytenummer entsprechend an!

8.2 Typumwandlungen

Beispiel 8.2 (Zuweisung unterschiedlicher Datentypen)

```
Program Integer
var
  Value AT %IB0: USINT
  Out   AT %QB0: SINT
end_var
  ld  Value
  st  Out
end_program
```

Testen Sie das Programm aus Beispiel 8.2!

Im Beispiel 8.2 kommt es wegen der Zuweisung von Value (Typ: USINT) auf Out (Typ: SINT) zu einem Laufzeitfehler. Dieses Verhalten gab es bei den „alten" SPS nicht, es wurde erst mit der IEC 61131 eingeführt.

Das ist zunächst etwas lästig, zumal das Programm 8.2 je nach Zahlenwerten völlig korrekt arbeiten würde. Es stellt sich aber in der Praxis als große Hilfe dar: In einem gewissen Zahlenbereich sind SINT und USINT gleich. Es könnte also sein, dass die Fehlersituation in der Testphase (zufälligerweise) gar nicht auftritt, später im Betrieb jedoch andere Zahlenwerte auftreten, die dann zu einem Funktionsfehler führen. Die bei der IEC 61131 durchgeführte Typüberprüfung macht die SPS-Programme sicherer, indem solche Programmierfehler rechtzeitig auffallen.

Es sind aber durchaus Situationen denkbar, in denen Bitfolgen als Zahlen unterschiedlichen Typs betrachtet werden müssen. Das weiß aber der Programmierer und kann das auch bewusst durchführen. Die Norm stellt dafür Typumwandlungsfunktionen bereit. So etwa USINT_TO_SINT in Beispiel 8.3.

Diese Typumwandlungen erfolgen bei einer SPS nach IEC 61131 nicht automatisch, sondern nur nach expliziter Programmierung. Damit wird dem Programmierer eindeutig die Verantwortung dafür übertragen, dass im konkreten Fall die Umwandlung keine Fehler verursacht. Auf diese Fragestellung werden wir später in Übung 8.4 und in Übung 8.8 zurückkommen.

Beispiel 8.3 (Zuweisung nach Umwandlung des Datentyps)

```
Program IntegerTyp
var
   Value AT %IB0: USINT
   Out   AT %QB0: SINT
end_var
   ld  Value
   USINT_TO_SINT    (* Datentyp-Umwandlung *)
   st  Out
end_program
```

Testen Sie das Programmbeispiel 8.3 für unterschiedliche Eingangswerte, insbesondere auch für Werte > 127. Beobachten Sie im Einzelschrittmodus die Zuweisung der Datentypen auf das Aktuelle Ergebnis CR!

Abb. 8.3 Aufwärtszähler
CTU

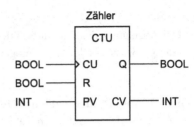

8.3 Drei verschiedene Zählertypen

8.3.1 Aufwärtszähler

In Abb. 8.3 steht am Ausgang CV der aktuelle Zählerstand als Wert mit dem Zahlentyp INT zur Verfügung. Der Bezeichner CV bedeutet „counter value" (Zählerwert, engl. *counter* = Zähler, *value* = Wert). Wie wir diese Zahl weiter behandeln, werden Sie etwas später in diesem Kapitel erfahren.

Die Zähler in der SPS reagieren auf Impulse am CU-Eingang und ändern den Zählwert am Anfang des Impulses, wenn der Eingangswert von ‚0' auf ‚1' geht. Das nennt man: steigende Flankentriggerung. Die zweite, fallende Flanke am Ende des Impulses hat keinen Einfluss auf das Zählergebnis.

Der „Aufwärtszähler" erhöht bei jedem Impuls (genauer: bei jeder steigenden Flanke) am CU-Eingang seinen Zahlenwert, es ist ein „Counter Up" (engl. *count* = zählen, *up* = aufwärts). Die Abkürzung im Schaltbild heißt daher „CTU".

Der CTU-Zähler hat drei Eingänge, die mit den Formalparametern CU, R und PV bezeichnet sind. Der CU-Eingang ist für die zu zählenden Impulse. CU steht für „Clock up" (engl. *clock* = Uhr, *to clock* = registrieren, *up* = aufwärts). Der R-Eingang dient zum Rücksetzen des Zählerwertes auf Null (engl. *reset* = rücksetzen). Eine ‚1' am R-Eingang setzt den Zählwert augenblicklich auf Null.

Schritt 1: Voreinstellwert setzen
Der PV-Eingang benötigt den Zahlentyp INT. Weisen Sie mit dem ST-Operator eine Zahl auf den Formalparameter PV zu. Dadurch erhält der Zähler eine Vergleichszahl, um den Ausgang Q zu steuern. Die Abkürzung PV bedeutet „Preset Value" (engl. *preset* = festsetzen, *value* = Wert).

Schritt 2: Auswertung des Zählers
Zur Auswertung des Zählers können Sie den Q-Ausgang abfragen. Dies ist ein Ausgang mit booleschem Wert. Er ist nur ‚1', wenn der Zählerstand am CV-Ausgang größer oder gleich dem Voreinstellwert am PV-Eingang ist, sonst ist er ‚0'.

Hinweis: Wird die SPS gestartet, ist der Wert PV auf Null voreingestellt.

Der Ausgang Q des Aufwärtszählers ist ,1', wenn der aktuelle Zählwert CV gleich oder größer ist als der an PV eingestellte Vorwahlwert.

Schritt 3: Ausgabe der Zahlenwerte
Die Zahlenwerte des aktuellen Zählerstands am Ausgang CV stehen als Integer-Zahlenwerte (16 Bit) binärcodiert zur Verfügung.

Übung 8.4 (COUNT81)

Testen Sie den Aufwärtszähler mit dem folgenden Beispielprogramm „CountUP". Erkunden Sie insbesondere, wann der Ausgang Q sein Signal ändert (Prozess „Counter CTU")!

Versuchen Sie zur Übung die dual angezeigten Zahlenwerte in Hexadezimalzahlen umzurechnen. Verwenden Sie die HEX-Anzeige nur zur Kontrolle! Schauen Sie vorne im Digitaltechnikteil nach, wenn Sie die Dual- und HEX-Zahlendarstellung nicht mehr so richtig „drauf" haben.

Mit PLC-lite können Sie hier auch den Schrittmodus verwenden. Beachten Sie dabei, dass Sie den Takteingang CU nicht einfach „festklemmen" dürfen, sondern Sie mindestens einen Zyklus jeweils abwechselnd ,1' und ,0' (also einen vollständigen Impuls) anlegen müssen. (siehe Abb. 8.4 und Abb. 8.5)

Wenn Sie das Beispielprogramm näher betrachten werden Sie feststellen, dass hier die in Abschn. 8.2 beschriebene explizite Typumwandlung verwendet wird: dies ist nötig, weil der Zähler-Funktionsbaustein intern mit INT-Variablen, also 16 Bit, arbeitet während für die Ein- und Ausgabe im Beispiel nur jeweils 8 Bit (Datentyp SINT) zur Verfügung stehen.

Überlegen Sie, unter welchen Bedingungen diese Typumwandlung gültig ist! Prüfen Sie Ihre Überlegung mit der Simulation nach, indem Sie dort einen Laufzeitfehler provozieren. Um diese Fehler zu verhindern muss man vor der Typumwandlung der Wertebereich überprüfen und bei einem Überlauf geeignete Maßnahmen ergreifen. Ein Beispiel dafür werden Sie in Abschn. 10.5 kennenlernen.

Beispiel 8.4

```
PROGRAM CountUP
VAR
    Counter  :    CTU
    Clock        AT %IX0.3: Bool
    Reset        AT %IX0.0: Bool
    ComparePV    AT %QX0.3: Bool
    PresetValue  AT %IB1: SINT
    CountValue   AT %QB1: SINT
END_VAR
```

```
    LD   Clock
    ST   Counter.CU
    LD   PresetValue
    SINT_TO_INT      (* Typumwandlung! *)
    ST   Counter.PV
    LD   Reset
    ST   Counter.R
    CAL  Counter      (* Zähler aufrufen *)
    LD   Counter.Q
    ST   ComparePV
    LD   Counter.CV
    INT_TO_SINT      (* Typumwandlung! *)
    ST   CountValue
END_PROGRAM
```

8.3.2   Abwärtszähler

Der Abwärtszähler in Abb. 8.6 hat den Namen: CTD („Counter Down", engl. *down* = hinunter). Er reagiert auf die steigenden Flanken am CD-Eingang. Bei jeder aktiven Flanke am CD-Eingang vermindert sich der Zählerstand CV um 1.

Eine ‚1' am LD-Eingang setzt den Zählwert CV auf den Voreinstellwert PV.

Achtung

Der Voreinstellwert ist bei Start der SPS immer 0. Der Rückwärtszähler zählt damit bereits ab dem ersten Impuls in den Bereich der negativen Zahlen hinein. Wenn Sie den Zählerstand als vorzeichenlose Zahl (z. B. als USINT) weiterverarbeiten wollen, müssen Sie daher *stets* einen (positiven) Voreinstellwert selbst laden, sonst können Sie nicht rückwärts zählen!

Auch beim CTD-Zähler können Sie eine schnelle Auswertung des Zählers vornehmen. Weil dieser Zähler aber rückwärts zählt, ist es interessant zu wissen, ob ein unterer Wert erreicht oder *unter*schritten wurde. Dieser untere Wert kann nicht verändert werden und ist immer Null.

> Der Ausgang Q des Abwärtszählers hat den Wert ‚1', wenn der Zählerstand CV kleiner oder gleich Null ist.

Übung 8.5 (COUNT82)

Erstellen Sie ein Programm, mit dem Sie die Möglichkeiten des Abwärtszählers testen können! Achten Sie wieder auf den Ausgangswert CV des Zählers und das Signal Q (Prozess „Counter CTD")!

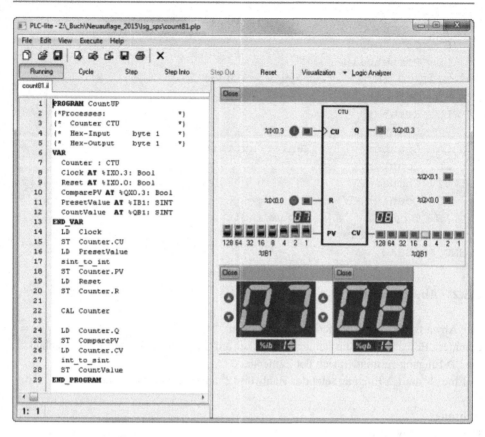

Abb. 8.4 PLC-lite zu Übung 8.4

Abb. 8.5 PLC-lite Einzelschritt zu Übung 8.4

Variable	Type	Value	Direct Value (periph
CR	INT	3	
COUNTER	CTU [FB]	???	
CLOCK	BOOL	1	1
RESET	BOOL	0	0
COMPAREPV	BOOL	0	0
PRESETVALUE	SINT	7	7
COUNTVALUE	SINT	3	3

8.3.3 Kombinierter Auf- /Abwärtszähler

Es gibt noch den kombinierten Zählertyp, der zwei getrennt arbeitendende Impulseingän-
ge hat (Abb. 8.7). Der Zählwert CV registriert die Impulse an den CU und CD-Eingängen
unabhängig voneinander. Die Bedeutung der Ein- und Ausgänge entspricht denen der

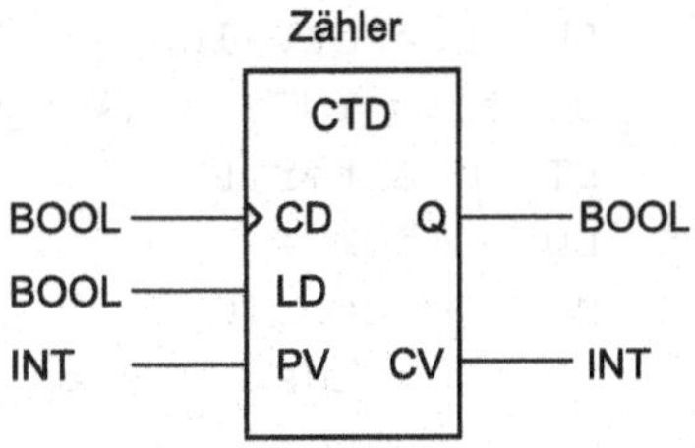

Abb. 8.6 Abwärtszähler CTD

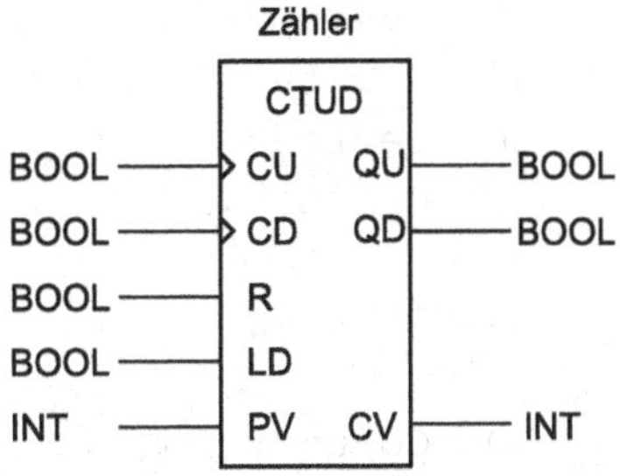

Zähler

```
        ┌──────────┐
        │   CTD    │
BOOL ───┤▷ CD    Q ├─── BOOL
BOOL ───┤ LD       │
INT  ───┤ PV    CV ├─── INT
        └──────────┘
```

Abb. 8.7 Kombinierter Auf-
/Abwärtszähler CTUD

Zähler

```
        ┌──────────┐
        │   CTUD   │
BOOL ───┤▷ CU   QU ├─── BOOL
BOOL ───┤▷ CD   QD ├─── BOOL
BOOL ───┤ R        │
BOOL ───┤ LD       │
INT  ───┤ PV    CV ├─── INT
        └──────────┘
```

anderen Zählertypen. Allerdings gibt es jetzt zwei Ausgänge, die anzeigen, ob der Zählerwert CV den Voreinstellwert PV überschritten bzw. ‚0' unterschritten hat. Sie heißen entsprechend QU und QD.

Übung 8.6 (COUNT83)

Erstellen Sie das Beispielprogramm und testen Sie die Funktion (Prozess: „Counter CTUD"). Bei welcher Taktflanke wird ein Zählimpuls wirksam? Wann werden die Ausgänge QU und QD ‚1'?

Beispiel 8.5

```
PROGRAM CountUPDN
VAR
  Counter : CTUD
  ClockDN      AT %IX0.2: Bool
  ClockUP      AT %IX0.3: Bool
  Reset        AT %IX0.0: Bool
  SetLoad      AT %IX0.1: Bool
  CompareZero  AT %QX0.2: Bool
  ComparePV    AT %QX0.3: Bool
  PresetValue  AT %IB1:   SINT
  CountValue   AT %QB1:   SINT
END_VAR
```

```
LD   PresetValue
SINT_TO_INT      (* Typumwandlung! *)
ST   Counter.PV
LD   ClockDN
ST   Counter.CD
LD   ClockUP
ST   Counter.CU
LD   Reset
ST   Counter.R
LD   SetLoad
ST   Counter.LD

CAL Counter

LD   Counter.QU
ST   ComparePV
LD   Counter.QD
ST   CompareZero
LD   Counter.CV
INT_TO_SINT      (* Typumwandlung! *)
ST   CountValue
END_PROGRAM
```

8.4   Anzahlen bestimmen

Es soll bei Erreichen einer bestimmten Anzahl ein boolescher Wert auf ‚1' gehen und damit eine Aktion auslösen. Dafür kann der Q-Ausgang des Zählers verwendet werden.

Übung 8.7 (COUNT84)

In einem Verkaufsgeschäft soll eine Kontrollleuchte im Büro aufleuchten, wenn sich ein oder mehrere Kunden im Laden befinden. Entwerfen Sie eine Lösung mit SPS.

Zusätzlich können Sie auch die Gesamtzahl der Kunden ausgeben lassen.

Als weitere Modifikation können Sie die Ausgabe so abändern, dass durch Lampen angezeigt wird, ob kein Kunde oder mehr als 5 Kunden im Geschäft sind.

8.5 Mehrstelliger Dezimalzähler (BCD)

Wir möchten nun einen mehrstelligen Dezimalzähler realisieren. Im Teil I dieses Buches haben Sie solch einen Zähler bereits kennengelernt. Blättern Sie zurück zum BCD-Zähler (Abschn. 4.6.5), und für den BCD-Code zu Abschn. 1.12.

Übung 8.8 (DEKADE81)

Vervollständigen Sie das folgende Programm und ergänzen Sie es auf eine dreistellige Ausgabe. Vielleicht können Sie auch noch eine Rücksetzmöglichkeit schaffen, um die Dekaden mittels eines Tasters auf Null zurückzusetzen, unabhängig vom jeweiligen Zählerstand. Zur Visualisierung der Ausgabe können Sie für jede Dezimalstelle ein „Hex-Output" verwenden.

Begründen Sie, warum die Typumwandlung mit INT_TO_SINT in diesem speziellen Fall ohne gesonderte Überprüfung des Wertebereiches eingesetzt werden darf.

Beispiel 8.6

```
PROGRAM Dekade81
VAR
   One : CTU
   Ten : CTU
   Clock AT %IX0.3: Bool
   ByteOne AT %QB1: SINT
   ByteTen AT %QB2: SINT

END_VAR
   LD   10       (* Voreinstellung *)
   ST   One.PV
   ST   Ten.PV
   LD   Clock    (* Takt          *)
   ST   One.CU

   CAL One       (* Einer-Stelle starten           *)
   LD   One.CV   (* Wert auslesen                   *)
   INT_TO_SINT   (* Typumwandlung hier OK! WARUM?   *)
   ST   ByteOne  (* ausgeben                        *)
   LD   One.Q    (* Überlauf testen                 *)
   ST   Ten.CU   (* Eingangsimpuls höhere Stelle    *)
   ST   One.R    (* Position zurücksetzen           *)
...
END_PROGRAM
```

Abb. 8.8 Prozessmodell

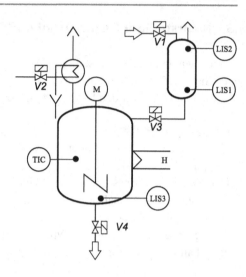

8.6   Mehrfaches Füllen und Entleeren

Bei einem chemischen Prozess müssen die einzelnen Bestandteile in einem bestimmten Verhältnis stehen. Die Dosierung erfolgt durch die Zahl der Füllungen des Messgefäßes. Natürlich braucht man für unterschiedliche Substanzen, die in dem Reaktionsgefäß gemischt werden sollen, entweder mehrere Messgefäße, oder es werden unterschiedliche Stoffe durch verschiedene Einlassventile in das Messgefäß gefüllt. In einem ersten Beispiel werden wir nur ein Messgefäß und auch nur ein Einlassventil verwenden.

Übung 8.9 (MIXER81)

Die Steuerung soll so programmiert werden, dass nach Impulsgabe über einen Starttaster das Messgefäß über V1 gefüllt und, wenn LIS2 angesprochen hat, über V3 geleert wird. Dieser Vorgang soll dreimal hintereinander ablaufen. Nach der dritten Leerung soll der gesamte Ablauf wieder neu gestartet werden können. Beachten Sie bei dieser Aufgabe noch nicht die Vorgänge im Reaktionsgefäß!

Erstellen Sie nach der Zuordnungsliste den Funktionsplan und die Anweisungsliste für die SPS. Testen Sie das Programm mit dem Modell aus Abb. 8.8.

```
Zuordnungsliste:
S1    Messgefäß füllen/ Steuerung starten %IX0.7
LIS1  Unterer Grenzwertgeber               %IX0.1
LIS2  Oberer Grenzwertgeber                %IX0.2
LIS3  Grenzwertgeber Reaktionsgefäß        %IX0.3
TIC   Sollwertgeber Temperatur             %IX0.4
V1    Einlassventil                        %QX0.1
V3    Auslassventil                        %QX0.3
```

Abb. 8.9 Schaltung zu
Übung 8.10 (GEN81)

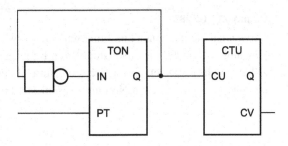

V2	Ventil Kühlmittel	%QX0.2
V4	Auslassventil Reaktionsgefäß	%QX0.4
M	Rührermotor	%QX0.6
H	Heizung	%QX0.5

8.7   Generator für Zählimpulse

Wir kommen jetzt auf die Aufgabe aus Abschn. 7.7 (Start/Stopp-Generator mit nur einem
Zeitglied) zurück. Dieser Generator erzeugt Impulse von der Dauer eines einzigen Zyklus.
Diese kurzen Impulse können an den Eingang eines Zählers gelegt werden. Am Zählerlauf
erkennen Sie das Vorhandensein der Impulse auch ohne Logic Analyzer.

Übung 8.10 (GEN81)

Ergänzen Sie das Programmbeispiel 7.5 „ImpulseTON" mit einem Zähler und der zugehörigen Anzeige (Abb. 8.9).
   Sie können auch den mehrstufigen Dekadenzähler aus Übung 8.8 (DEKADE81)
verwenden.
   Ändern Sie die Zählgeschwindigkeit. Achten Sie genau darauf, wie Sie die Werte
verändern müssen, um den Zähler schneller oder langsamer laufen zu lassen.

Start- /Stopp-Einrichtung
Für die Einrichtung einer Start-/Stopp-Möglichkeit erinnern Sie sich bitte an die Torschaltung in Abschn. 2.7. Sorgen Sie dafür, dass die „Rückkopplung" des Signals Impuls.Q
auf den Eingang Impuls.IN unterbrochen werden kann.

Übung 8.11 (GEN82)

Mit dem Schalter an %i0.7 soll der Zähllauf gestartet und gestoppt werden können
(verwenden Sie auch den Prozess „HEX-Output").

Übung 8.12 (GEN83)

Verwenden Sie nun einen kombinierten Auf-/Abwärtszähler, schließen Sie an die Zähleingänge CU und CD je einen stoppbaren Impulsgenerator an und beobachten Sie die Zählerstände. Ergänzen Sie die Schaltung durch Laden eines Voreinstellwerts. Der Zähler soll nur noch zwischen Null und diesem Maximalwert hin- und herzählen können!

8.8 Zeitmessung

Zeitmessung bedeutet im Grunde nichts anderes als Zählen: ein Generator bildet das „Zeitnormal", welches in regelmäßigen Abständen Impulse abgibt. Wenn die Impulsabstände genau eine Sekunde betragen, dann gibt der Zählerstand die Zahl der abgelaufenen Sekunden an. Mit kürzeren Impulsen, z. B. 1/100 Sekunden, können entsprechend genauere Zeiten realisiert werden. Den Start/Stopp-Generator mit nur einem Zeitglied aus Abschn. 7.7 können Sie hervorragend zur Zeitmessung einsetzen.

Übung 8.13 (TIME81)

Starten Sie den Zähler mit dem Taster an %i0.1 und bestimmen Sie die Zeit, bis Sie den Zähler mit der Taste an %i0.2 wieder stoppen. Mit der Taste an %i0.6 oder %i0.0 soll der Zähler wieder rückgesetzt werden.

Übung 8.14 (TIME82)

Bestimmen Sie die Zeit, in der das Messgefäß vom unteren Pegel LIS1 bis zum oberen Pegel LIS2 gefüllt wird.

8.9 Mengenmessung

Die Zeit zum Füllen des Messgefäßes ist stets gleich, wenn der Zufluss konstant ist. Wenn man die Füllzeit misst, kann man die Zählerausgabe auch als Füllmenge interpretieren. Der Messgefäßinhalt betrage zwischen den beiden Pegeln exakt 50 Liter. Sie können bei der folgenden Aufgabe die Literanzeige mitverfolgen und „von Hand" bei einer bestimmten Literzahl stoppen. Im Kap. 10 werden wir eine Möglichkeit kennenlernen, den Zulauf bei Erreichen einer bestimmten Zahl automatisch stoppen zu lassen.

Übung 8.15 (TANK81)

Stellen Sie die Impulsdauer so ein, dass der Zähler während der Befüllung von LIS1 nach LIS2 von 0 bis 50 läuft. Achtung: wenn Sie die HEX-Ausgabe verwenden, läuft der Zahlenwert bis zur HEX-Zahl 32_{Hex} (oder als Binärwert 00110010), welche dem Dezimalwert 50_{Dez} entspricht.

Eine Dezimalanzeige anstelle der Hexadezimalen wäre hier wünschenswert. Dafür müssen Sie sich leider noch etwas gedulden: Einen Umsetzer für HEX- in BCD-Zahlen werden wir später, in Abschn. 11.4 erstellen.

8.10   Reaktionstester

In diesem Abschnitt sollen Sie eine Aufgabe lösen, bei der zwei Zeitgeber verwendet werden. Auf Knopfdruck startet ein Zeitglied, welches eine Vorlaufzeit bestimmt. Nach dessen Ablauf leuchtet eine Lampe auf, und der Pulsetimer beginnt zu laufen.

Seine Impulse werden gezählt, bis er per Knopfdruck gestoppt wird. Dadurch kann die Reaktionszeit bestimmt werden, die zwischen dem Erfassen des Leuchtsignals und dem Druck auf die Taste vergeht.

Bei dieser Übung setzen wir eine bestimmte Vorlaufzeit fest. Im Abschn. 10.9 werden wir lernen, Zufallszahlen zu erzeugen.

Übung 8.16 (REAKT81)

Programmieren Sie einen Reaktionstester!

Funktionsbausteine

9

Zusammenfassung

Sie kennen bereits einige der in jeder SPS vorhandenen Standardfunktionsbausteine: RS- und SR-Flip-Flops, Timer und Zähler. In diesem Kapitel werden wir uns um die Erstellung von eigenen Funktionsbausteinen kümmern. Sie werden lernen, wie Sie Funktionsbausteine selbst erstellen können. Die Funktionsbausteine dienen als Hilfsmittel zur Strukturierung von SPS-Programmen. Sie können in selbsterstellten Funktionsbausteinen oft gebrauchte oder komplizierte Aktionen einmal programmieren und dann beliebig oft verwenden. Diese selbsterstellten Funktionsbausteine werden genauso aufgerufen und verwendet wie die bereits bekannten Standardfunktionsbausteine: nämlich instanziiert, mit Parametern versorgt, aufgerufen und die Ergebnisse abgerufen.

Ein Funktionsbaustein ist eine Programm-Organisationseinheit, die bei der Ausführung einen oder mehrere Werte liefert. Es können mehrere Instanzen eines Funktionsbausteins erzeugt werden, die alle einen eigenen Namen und eigene Speicherbereiche für die Variablen erhalten.

Jeder Funktionsbaustein, der bereits deklariert wurde, kann in der Deklaration eines weiteren Funktionsbausteins benutzt werden.

9.1 Der Funktionsbaustein gibt Werte aus

Beispiel 9.1 (Blinken mittels Funktionsbaustein)

Liegt am Eingang %IX0.1 eine ‚1' an, soll der Ausgang %QX0.0 blinken.
Diese Aufgabe haben Sie in Übung 7.6 bereits durchgeführt. Nun soll aber dieses Programm als Funktionsbaustein umgeschrieben werden, damit man die Blinkfunktion einfacher in ein Programm einbinden kann.

© Springer-Verlag Berlin Heidelberg 2015
H.-J. Adam, M. Adam, *SPS-Programmierung in Anweisungsliste nach IEC 61131-3*,
DOI 10.1007/978-3-662-46716-9_9

9.2   Funktionsbaustein erstellen

- Der gesamte Code eines Funktionsbausteins wird eingerahmt von den Schlüsselwörtern
  FUNCTION_BLOCK und END_FUNCTION_BLOCK.
- Variable, die nur innerhalb des Funktionsbaustein verwendet werden (lokale Variable)
  werden zwischen VAR und END_VAR deklariert. Hier müssen im Beispiel die Timer,
  die ja nur innerhalb des Funktionsbausteins benötigt werden, instanziiert werden. Sie
  stehen damit als lokale Werte im Funktionsbaustein zur Verfügung.
- Variable, die zur Ausgabe aus dem Funktionsbaustein heraus in das aufrufende Pro-
  gramm dienen, müssen zwischen VAR_OUTPUT und END_VAR deklariert werden
  (engl. *output* = Leistung, Produktion). Auf diese Weise erhalten sie im Funktionsbaustein ihren Wert zugewiesen, den man im Hauptprogramm laden („lesen") kann.
  Beachten Sie, dass als Ausgangsname nicht ‚Q' verwendet werden kann, weil der
  Bezeichner ‚Q' für die Ausgänge der Standardfunktionsbausteine reserviert ist![1]
- Der eigentliche Programmcode unterscheidet sich dann nicht von einem „normalen"
  Programm, z. B. ist der folgende Funktionsbaustein Gen05 praktisch identisch mit
  dem bereits geschriebenen Programm aus Übung 7.6.
- Das Bausteinende wird durch RET gekennzeichnet. Das bedeutet, dass die Programm-
  ausführung wieder zum aufrufenden (Haupt-)Programm zurückkehren soll (engl. *re-
  turn* = zurückkehren, zurückschicken).

Beispiel 9.2 (Funktionsbaustein für einen Generator)

```
FUNCTION_BLOCK Gen05
VAR
   Impuls1 : TP
   Impuls2 : TP
END_VAR
VAR_OUTPUT
   Y : BOOL
END_VAR
   LD    t#500ms
   ST    Impuls1.PT
   ST    Impuls2.PT

   LDN   Impuls2.Q
   ST    Impuls1.IN
   CAL   Impuls1

   LDN   Impuls1.Q
   ST    Impuls2.IN
```

---

[1] Reservierte Bezeichner bei PLC-lite siehe Abschn. 16.3 (Tab. 16.12).

```
CAL    Impuls2

LD     Impuls1.Q
ST     Y
RET
END_FUNCTION_BLOCK
```

Übung 9.1

Vergleichen Sie den Funktionsbaustein Gen05 aus Beispiel 9.2 mit dem Programm aus
Übung 7.6 und kennzeichnen Sie die Änderungen im Baustein FUNCTION_BLOCK
Gen05 durch Unterstreichen.

9.3 Programm-Organisations-Einheiten

Beispiel 9.3 („Hauptprogramm", welches den FB Gen05 verwendet:)

```
PROGRAM FlashLight
VAR
   Flash: Gen05          (* FB-Deklaration *)
   Lamp AT %QX0.0: Bool
END_VAR
   CAL    Flash
   LD     Flash.Y
   ST     Lamp
END_PROGRAM
```

Der Funktionsbaustein Gen05 muss zuerst (wie auch ein Standardfunktionsbaustein)
im Programmkopf des Hauptprogramms instanziiert und mit dem Instanzennamen versehen werden.

Der Aufruf erfolgt im Programmrumpf des „Hauptprogramms" mit der Anweisung
cal Flash. Danach kann der Ausgang des Blinkers abgefragt werden. Die notwendigen
Timer sind für das Programm unsichtbar im Funktionsbaustein Gen05 „versteckt".

Übung 9.2 (FLASH92)

Erstellen Sie wie oben beschrieben das Programm für den Blinker.

Tippen Sie das Beispiel 9.2 ab und speichern Sie die *Datei* unter dem Namen
FB_GEN05.IL. *Achtung!* nicht verwechseln mit dem Abspeichern des *Projektes*!

Um dieses Hauptprogramm noch zu dem Projekt hinzuzufügen, wählen Sie bei
PLC-lite im Menü Datei den Punkt: Neue Datei, oder Sie klicken das Symbol für „Neue
Datei hinzufügen" (Abb. 9.1). Damit erhalten Sie ein neues Blatt im Editor, auf dem
Sie das Hauptprogramm schreiben können. (Abb. 9.2) Zwischen den einzelnen Dateien

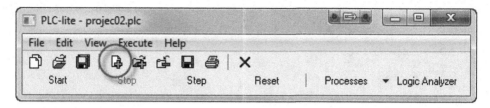

Abb. 9.1 Neue Datei erstellen und dem Projekt hinzufügen

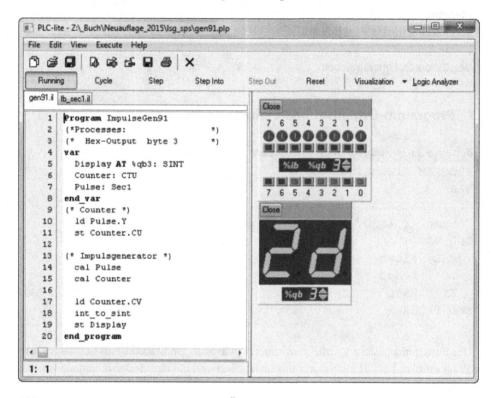

Abb. 9.2 Programmdateien des Projekts der Übung 9.3 und Simulation in PLC-lite

können Sie über die Reiter am oberen Rand des Editorfensters umschalten. Speichern Sie am Ende auch diese *Datei* ab. Verwenden Sie für das Hauptprogramm den Namen FLASH92.IL.

Das gesamte Projekt besteht nun aus zwei *Programmdateien*: der einen mit dem Hauptprogramm und der anderen mit dem Funktionsbaustein.

Jeden dieser Teile nennt man *„Programm-Organisations-Einheit" (POE)*. Im SPS-System sorgt die Projektverwaltung dafür, dass die zusammengehörigen Teile auch wieder zusammengefunden werden. Bei PLC-lite müssen Sie lediglich im Menü Datei den Punkt

„Projekt speichern" aufrufen. Beim nächsten Laden des Projektes werden dann wieder alle zugehörigen Dateien geöffnet und im Editor angezeigt.

Beachten Sie bei den Namen: Die POE „Haupt-Programm" hat den Namen, den Sie hinter dem Schlüsselwort Program eingetragen haben. Dieser Name muss nicht identisch sein mit dem Namen der Datei auf der Festplatte!

Ebenso verhält es sich bei der POE „Funktionsbaustein": Der Name des Funktionsbausteins steht hinter dem Schlüsselwort Function_Block. Unter diesem Namen wird der Funktionsbaustein im Hauptprogramm beim Instanziieren und beim Aufruf angesprochen. Auf der Festplatte kann beim Abspeichern dem Funktionsbaustein ein davon abweichender Name gegeben werden.

Übung 9.3 (GEN91)

Erstellen Sie einen Funktionsbaustein FB_SEC1, welcher, wie in Übung 8.10, Impulse im 1-Sekundentakt erzeugt. Testen Sie den Funktionsbaustein in einem Programm mit einem Aufwärtszähler.

9.4   Einen Funktionsbaustein nachträglich in ein Projekt einbinden

Den Vorteil dieser Funktionsbausteine können Sie gleich ausprobieren: ein bereits geschriebenes Programm soll um die Möglichkeit einer Blinkausgabe erweitert werden. Statt in diesem Programm alles neu schreiben zu müssen, können Sie einfach den bereits vorhandenen Funktionsbaustein in das Projekt mit einbinden! (Abb. 9.3)

Übung 9.4 (ALARM91)

Laden Sie das Projekt ALARM61.PLP. Dieses enthält zunächst nur die Datei ALARM61.IL. Speichern Sie die Datei unter dem Namen ALARM91.IL. Fügen Sie die Datei FB_GEN05.IL dazu und speichern Sie nun das *Projekt* unter dem Namen ALARM91.PLP. Nach Instanziierung des „Blinkers" können Sie das Programm so abändern, dass zusätzlich zur Alarmhupe die Anzeigelampe an %QX0.0 blinkt.

Abb. 9.3 Bereits vorhandene Datei in ein geöffnetes Projekt einbinden.

Abb. 9.4 RS-Flip-Flop aus
Standardbausteinen. Aus der
Schaltung in Abschn. 3.2 um-
geformt.

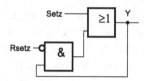

9.5 Der Funktionsbaustein liest Werte ein

Im Abschn. 3.2 haben wir ein Flip-Flop erstellt. Bei der Schaltung damals ist lediglich der
invertierte Flip-Flop-Ausgang vorhanden. Durch Umrechnung mit Hilfe der de Morgan-
schen Regeln erhält man die Schaltung, wie wir sie Ihnen hier in Abb. 9.4 angegeben
haben.

Übung 9.5

Versuchen Sie die Gleichheit der Schaltung in Abb. 9.4 mit der Schaltung, die Sie aus
dem Abschn. 3.2 bereits kennen, zu beweisen!

Diese Schaltung wollen wir nun als Funktionsbaustein erstellen. Die durch den Standardfunktionsbaustein bereits vorhandenen Bezeichner für den Bausteinnamen (RS bzw.
SR) und die Namen der Formalparameter (R, S, Q) sind geschützte Schlüsselwörter, die in
eigenen Projekten nicht verwendet werden dürfen. Verwenden wir die Bezeichner Setz
und Rsetz für die Eingänge und Y für den Ausgang. Der Baustein soll FFSR heißen.

Jetzt müssen sowohl Werte in den Baustein hinein als auch aus ihm heraus gebracht
werden, wir erhalten INPUT und OUTPUT-Variable. Hier hat der Anfänger häufig Probleme mit der Zuordnung. Die Werte, die das *Hauptprogramm* liefert, sind für den *Baustein*
Eingangswerte. Die Werte, die der Baustein liefert, sind seine *Ausgangswerte*, sind aber
für das aufrufende Hauptprogramm Eingangswerte!

Damit hier keine Verwirrung entsteht:
Eingang und Ausgang ist immer vom *Baustein* her zu sehen!

Beispiel 9.4

```
FUNCTION_BLOCK FFSR
VAR_INPUT
   Set  : BOOL
   Rset : BOOL
END_VAR
VAR_OUTPUT
   Y :    BOOL
END_VAR
```

Abb. 9.5 Schaltung zu
Übung 9.7

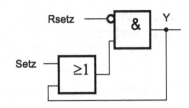

```
LD     Set
ORN(   Rset
AND    Y
)
ST     Y
RET
END_FUNCTION_BLOCK
```

Übung 9.6 (FFFB92)

Öffnen Sie ein neues Projekt und schreiben Sie den Funktionsbaustein FFSR gemäß
Beispiel 9.4. Speichern Sie den Funktionsbaustein unter dem Namen FB_FFSR.IL
ab. Schreiben Sie danach ein Hauptprogramm, welches diesen Baustein verwendet.
Die Eingänge %IX0.0 und %IX0.1 sollen Rücksetz- bzw. Setzeingänge sein, der
Ausgang %QX0.0 soll das Ergebnis anzeigen. Begründen Sie, warum der Baustein
vorrangig setzend ist.

Übung 9.7 (FFFB93)

Schreiben Sie einen Funktionsbaustein FFRS (Dateiname: FB_FFRS.IL) für ein vorrangig rücksetzendes Flip-Flop. In der Norm ist für diesen Typ die in Abb. 9.5 gezeigte
Schaltung angegeben.

9.6 Funktionsbaustein: FB_Tank

Beispiel 9.5 (Funktionsbaustein Tank)

Ein Funktionsbaustein FB_Tank wird gemäß Übung 6.15 programmiert und als Funktionsbaustein mit den Eingangsparametern: LIS1, LIS2 und Start versehen.
   Mit Start = ‚1‘ wird ein Füllvorgang des Kessels ausgelöst. Der Funktionsbaustein
steuert über die Ausgangsparameter V1 und V3 das Füll- bzw. Leerventil an.

```
FUNCTION_BLOCK Tank
VAR_INPUT
   LIS1 : BOOL
   LIS2 : BOOL
   Start: BOOL
```

```
END_VAR
VAR_OUTPUT
  V1 :    BOOL
  V3 :    BOOL
END_VAR
VAR
  V1FF   : RS
  V3FF   : RS
END_VAR
  LD     Start
  ANDN   V3
  ANDN   LIS2
  ST     V1FF.S
  LD     LIS2
  ST     V1FF.R1
  ST     V3FF.S
  LDN    LIS1
  ST     V3FF.R1
  cal    V1FF
  cal    V3FF
  ld     V3FF.Q1
  st     V3
  ld     V1FF.Q1
  st     V1
END_FUNCTION_BLOCK
```

Beispiel 9.6 (Hauptprogramm OneTank)

Das Hauptprogramm besteht fast nur noch aus Parameteraufrufen. Dass Flip-Flops erforderlich sind, merkt man nicht mehr!

```
program OneTank
var
(* Instanziierung *)
  Tank0: Tank
  LIS01 AT %IX0.1: bool
  LIS02 AT %IX0.2: bool
  V01   AT %QX0.1: bool
  V03   AT %QX0.3: bool
  Start AT %IX0.7: bool
end_var
(* Verknüpfung der Eingangsklemmen *)
    ld  Start
```

```
   st   Tank0.Start
   ld   LIS01
   st   Tank0.LIS1
   ld   LIS02
   st   Tank0.LIS2
(* Funktionsbausteinaufruf *)
   cal  Tank0
(* Verknüpfung der Ausgangsklemmen *)
   ld   Tank0.V1
   st   V01
   ld   Tank0.V3
   st   V03
end_program
```

Übung 9.8 (TANK91)

Schreiben Sie den Funktionsbaustein (Beispiel 9.5) und das Hauptprogramm (Beispiel 9.6) ab. Speichern Sie den Funktionsbaustein unter dem Namen FB_Tank.il ab! Die Programmdatei soll den Namen TANK91.IL und das Projekt den Namen TANK91.PLP erhalten. Testen Sie das Projekt mit dem Prozess „Tanks (small)"!

Bis jetzt sehen Sie wohl noch keinen großen Vorteil. Interessant wird die Geschichte dann, wenn mehrere Kessel zur Anwendung kommen. Dann nämlich braucht nicht mehr für jeden einzelnen Kessel das Programm neu geschrieben zu werden, sondern es genügt, den Funktionsbaustein für jeden realen Kessel zu instanziieren und die Ein- und Ausgangsklemmen mit den formalen Parametern zu verknüpfen.

Übung 9.9 (TANK92)

Ergänzen Sie das Programm aus Übung 9.8 so, dass auf einen Knopfdruck hin alle drei Kessel gefüllt werden, und testen Sie es mit dem Prozess „Tanks (big)"! Den Anfang finden Sie im Beispiel 9.7.

Beispiel 9.7 (Erweiterung der Übung 9.8 zu einer Anlage mit drei Tanks:)

Beachten Sie, dass hier der *Funktionsbaustein* FB_Tank gegenüber Übung 9.8 nicht verändert werden muss! Sie brauchen ihn weder neu zu tippen noch erneut abspeichern.

```
program ThreeTanks
var
(* Instanziierung Tank0 *)
   Tank0: Tank
   LIS01 AT %IX0.1: bool
   LIS02 AT %IX0.2: bool
   V01   AT %QX0.1: bool
```

```
    V03    AT %QX0.3: bool
(* Instanziierung Tank1 *)
    Tank1: Tank
    LIS11 AT %IX1.1: bool
    LIS12 AT %IX1.2: bool
    V11    AT %QX1.1: bool
    V13    AT %QX1.3: bool
(* Instanziierung Tank2 *)
    Tank2: Tank
    LIS21 AT %IX2.1: bool
    LIS22 AT %IX2.2: bool
    V21    AT %QX2.1: bool
    V23    AT %QX2.3: bool

    . . .
```

Sprünge, Schleifen und Wiederholungen 10

Zusammenfassung

Zur *Ausführungssteuerung* stehen in der Sprache Anweisungsliste bedingte und unbedingte *Sprunganweisungen* zur Verfügung. Mit ihrer Hilfe lassen sich Wiederholungsstrukturen („Schleifen") und Auswahlen realisieren. Damit können wir komplexe Abläufe programmieren, die entweder dieselben Anweisungen mehrere Male hintereinander wiederholen oder deren Ablauf von Eingangswerten oder anderen Bedingungen abhängt und in der Anweisungsliste unterschiedliche „Wege" nehmen kann.

Noch weiter geht die Sprache „Strukturierter Text" (abgekürzt ST), die aber nicht Gegenstand dieses Lehrgangs ist. Sie ist eine höhere Programmiersprache für SPS nach IEC 1131-3, die es erlaubt, Wiederholungsanweisungen oder Verzweigungen mit den Konstrukten FOR ... TO ... DO, WHILE ... DO, REPEAT, CASE, IF ... THEN ... ELSE wie aus anderen Hochsprachen gewohnt sehr elegant zu lösen.

10.1 Der laufende Punkt

Wir haben uns schon einmal in Abschn. 7.5 mit Lauflichtern befasst. Anders als dort soll hier nur *ein einziger* Timer verwendet werden, der als Generator betrieben wird und Weiterschaltimpulse liefert. Bei jedem Impuls muss ein neuer *Zahlenwert* an den Ausgang gelegt werden.

Wie kann der Leuchtpunkt weiterlaufen? Blättern Sie zurück zu Abschn. 1.6. Nehmen Sie an, an dem als Lauflicht verwendeten Byte %qb1 leuchtet die LED ganz rechts. Der Zahlenwert in diesem Byte ist damit in binärer Schreibweise: 0000 0001. Im dezimalen System ist das der Wert 1. Nach dem Weiterschaltimpuls soll der Leuchtpunkt eine Stelle nach links gewandert sein; der binäre Zahlenwert ist dann: 0000 0010, was im dezimalen System der 2 entspricht. Eine Stufe weiter muss der Wert 0000 0100 (= $4_{dezimal}$) ausgegeben werden. Nun ist die Berechnung klar? Genau, der Zahlenwert muss beim

Weiterschalten verdoppelt werden. Die Operation `mul 2` multipliziert das aktuelle Ergebnis mit 2.

Durch die Operation `mul 2` wird das aktuelle Ergebnis mit 2 multipliziert. Bei der Binärzahl bedeutet das die Verschiebung um eine Stelle nach links.

10.2 Einseitige Entscheidung (bedingter Sprung)

Wir verwenden hier den Impulsgenerator aus Abschn. 7.7.

Das Weiterschalten des Lauflichts muss genau zu bestimmten Zeitpunkten erfolgen. Wir benötigen also in diesen Zeitabständen die Bedingung zum Weiterschalten. Die SPS läuft zyklisch immer durch; das bedeutet, dass der Befehl zum Multiplizieren nur dann ausgeführt werden darf, wenn der „richtige" Zeitpunkt gekommen ist. Dann muss im Zyklus die `mul`-Anweisung ausgeführt werden, sonst nicht. Das kann man erreichen, indem man den Befehl `mul 2` während der „falschen" Zeitpunkte überspringt.

Unser Impulsgenerator liefert nach der Verzögerungszeit genau für einen Zyklus ,1'-Signal. Dadurch kann die Weiterschaltbedingung relativ einfach formuliert werden (Abb. 10.1): solange der Generator eine ,0' abgibt, muss der Befehl `mul 2` übersprungen werden. Genau in dem Zyklus, in dem der Impulsgenerator die ,1' liefert muss der neue Zahlenwert erzeugt werden, also der Befehl `mul 2` ausgeführt werden.

Der Mechanismus für dieses Überspringen besteht aus zwei Teilen:

- erstens einer *Auswertung der Bedingung*, ob gesprungen werden muss oder nicht,
- und zweitens dem *Ziel*, also der Stelle im Programm, an der im Falle des Sprungs die Bearbeitung fortgesetzt werden soll.

Abb. 10.1 Ablaufdiagramm „Bedingter Sprung": Der Sprung wird ausgeführt, wenn Q = 0 ist, anderenfalls wird die Anweisung im Kasten (mul 2) ausgeführt.

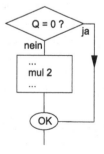

Abb. 10.2 Struktogramm für den bedingten Sprung wie in Beispiel 10.1

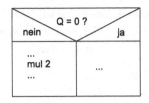

Beispiel 10.1 (Bedingter Sprung)

```
ldn Pulse.Q
jmpc OK        (* Test der Sprungbedingung *)
...            (* zu überspringender Teil  *)
OK:            (* Sprungziel Marke:        *)
```

Die Sprungbedingung wird mit dem Befehl `jmpc` getestet. Der Name kommt von den englischen Begriffen *jump* (= Sprung, springen) und *conditional* (= bedingt, abhängig). Der Sprung wird ausgeführt, wenn das aktuelle Ergebnis ‚1' ist.

Das Sprungziel wird durch eine Marke oder Label (= Etikett, Beschriftung, Kennzeichnung) angegeben. Das Label wird vor dem Befehl eingefügt, an dem im Sprungfall die Bearbeitung fortgesetzt werden soll. Den Namen des Labels können Sie frei wählen. Beachten Sie: der Doppelpunkt steht *nur am Zielpunkt* hinter dem Label.

Den Ablauf dieser Entscheidung kann man auf unterschiedliche Weise graphisch darstellen: wahlweise mit dem *Ablaufdiagramm* wie in Abb. 10.1 oder mit dem *Struktogramm* (Abb. 10.2). Im Ablaufdiagramm können die Sprünge gut nachvollzogen werden, wogegen das Struktogramm eine kompaktere Darstellung erlaubt. Für die in diesem Buch verwendete Sprache „Anweisungsliste" ist die Programmdarstellung im Ablaufdiagramm meist besser geeignet als das Struktogramm.

`jmpc Marke` Überprüfung und ggf. Sprung zum Label (*ohne* Doppelpunkt)
`Marke:` Definition des Sprungziels (*mit* Doppelpunkt)

10.3 Anfangswert setzen

Und noch ein Problem:

Zu Programmstart sind alle Werte auf 0 gesetzt und damit sind alle Lämpchen aus. Multiplizieren nützt dann nichts, weil Null mal zwei stets Null bleibt: alle Lämpchen bleiben aus; es würde kein Leuchtpunkt laufen. Wie erhält man den Anfangswert 1, also den Wert, mit dem das Multiplizieren beginnen soll?

Zu Anfang ist der erste Leuchtpunkt zu setzen. Es muss „am Anfang" die Anweisung `s %qx1.0` ausgeführt werden, um das unterste Bit im Byte `%qb1` zu setzen. Es ist aber falsch, dies in *jedem* Zyklus ausführen zu lassen, vielmehr darf diese Anweisung nur ein einziges Mal *direkt nach dem Programmstart* ausgeführt werden.

Das kann man durch den folgenden Programmteil erreichen:

```
ldn Cycle1
s   Bit0
s   Cycle1
```

Der Merker `Cycle1` ist zu Programmstart ‚0‘. Deshalb werden die beiden folgenden Anweisungen ausgeführt: sowohl der Merker `Cycle1` als auch das Bit `Bit0` werden gesetzt. Bereits im zweiten Zyklus ist der Merker `Cycle1` gesetzt, die beiden folgenden Anweisungen werden nicht mehr ausgeführt und das Setzen des Bit `Bit0` unterbleibt.

Mit diesem Verfahren erreichen Sie die bedingte Ausführung von Setzanweisungen mit der Bedingung: allererster Zyklusdurchlauf.

10.4 Lauflicht

Übung 10.1 (FLASH101)

Erstellen Sie ein Lauflichtprogramm. Verwenden Sie die vorgeschlagenen Variablen:

```
var
   Pulse:  TON
   Cycle1: BOOL
   Bit0   AT %QX1.0: BOOL
   Bit7   AT %QX1.7: BOOL
   Byte1 AT %QB1: USINT
end_var
```

Achten Sie bei der vorgeschlagenen Musterlösung darauf, dass Sie den Prozess „Standard-I/O" auf das Byte 1 einstellen.

Beachten Sie bei dieser Lösung die Zuweisung eines BOOL-Typs auf einen Teil des Speichers der USINT-Zahl `Byte1`.

10.5 Vergleiche

Neustart in gleicher Laufrichtung

Wenn das Lauflicht aus Übung 10.1 durchgelaufen ist, bricht das Programm ab und Sie erhalten einen Laufzeitfehler: wenn die letzte LED leuchtet ist ja der Inhalt der USINT-Variablen $1000\ 0000_{bin} = 128_{dez}$. Dies mit 2 multipliziert ergibt 256, was außerhalb des Wertebereiches von USINT liegt.

Wenn das Lauflicht immer wieder von vorne beginnen soll, muss im Falle %QB1=128 das oberste Bit gelöscht und wieder das unterste Bit gesetzt werden. Ob das aktuelle

Ergebnis den Wert 128 hat, können Sie mit dem Operator EQ (engl. *equal* = gleich, eben-bürtig) testen.

```
LD Byte1
EQ 128
R  Bit7
S  Bit0
```

Um den Überlauf wirksam zu verhindern, muss dieser Code *vor* der Anweisung mul 2 ausgeführt werden.

> EQ Zahl testet, ob das aktuelle Ergebnis gleich der Zahl ist.

Sie werden nun allerdings feststellen, dass das Lauflicht beim Neustart nicht mit der ersten, sondern bei der zweiten LED beginnt. Klar: nach dem Setzen von Bit0 wird ja gleich mul 2 ausgeführt, somit gelangt unmittelbar der Wert 2_{dez} nach außen.

Wie können Sie dies nun korrigieren? – Eine Möglichkeit ist, anstatt Bit0 zu set-zen den Merker Cycle1 *zurück*zusetzen. Damit startet das Programm wieder genauso wie direkt nach dem Einschalten. Die Anweisung mul 2 wird zwar weiterhin auch beim Neustart ausgeführt, hat dann aber keine Auswirkung mehr, da nach dem Löschen von Bit7 der Zahlenwert in Byte1 0 beträgt.

Übung 10.2 (FLASH102)

Sorgen Sie dafür, dass das Lauflicht wieder vorne beginnt, wenn die letzte LED auf-leuchtet!

Richtungswechsel

Es kann nun auch der Wunsch entstehen, dass das Lauflicht beim Erreichen des Endes seine Richtung wechselt und wieder zurück läuft. Das werden wir im nächsten Abschnitt durchführen, hier erst noch eine Vorübung: Das Lauflicht soll in der anderen Richtung lau-fen, beginnend mit dem obersten Bit %qx1.7. Das Schieben des Bit nach rechts *halbiert* den Wert des Byte, man muss also den Ausgabewert durch zwei teilen.

> Der Operator div <Zahl> dividiert das aktuelle Ergebnis durch die Zahl.

Übung 10.3 (FLASH103)

Erstellen Sie ein rechtslaufendes Lauflicht!

Abb. 10.3 Struktogramm für
Rechts-Linkslauf

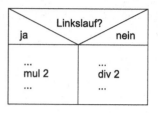

10.6 Zweiseitige Entscheidung (unbedingter Sprung)

Es ist möglich, dass ein bestimmter Programmteil *auf jeden Fall* übersprungen werden muss. Das können Sie sich nicht vorstellen? Sie meinen, dann könnte man diesen Teil gleich weglassen? Im Folgenden zeigen wir Ihnen an einem Beispiel genau diesen Fall!

Beispiel 10.2 (Rechts-Links-Lauflicht)

Ein Lauflicht kann sowohl rechts- als auch linkslaufen. Im einen Fall muss durch 2 dividiert, im anderen Fall mit 2 multipliziert werden.

In der graphischen Darstellung (Abb. 10.3) ergeben sich zwei parallel verlaufende Wege. In dem einen muss multipliziert, im anderen dividiert werden. Das sieht in der Graphik des Struktogramms sehr einfach aus, ist aber in der Sprache „Anweisungsliste" ein echtes Problem: In der Anweisungsliste ist es leider nicht möglich, *Parallelzweige* zu erzeugen, sondern es muss alles immer schön der Reihe nach hintereinander programmiert werden. So eine „Parallelstruktur" müssen Sie in der Anweisungsliste durch Sprünge verwirklichen.

Wenn das Lauflicht gerade beim Linkslaufen ist, führt das Programm den *bedingten* Sprung zum Label `right:` *nicht* aus sondern arbeitet ab der Marke `left:` weiter und führt den Multiplikationsteil durch (Abb. 10.4). Anschließend daran *muss* der Divisionsteil (Rechtslauf) übersprungen werden. Genau hier ist ein *unbedingter Sprung* zur Marke `OK:` erforderlich.

In der Sprache Anweisungsliste führt der Operator `jmp <Marke>` einen unbedingten Sprung aus.

Übung 10.4 (FLASH104)

Erstellen Sie ein Hin- und Her-Lauflicht! Die Laufrichtung soll mit dem Schalter am Eingang `%ix1.0` einstellbar sein. Alternativ können Sie auch versuchen, die Richtung jeweils an den Rändern umzuschalten.

Abb. 10.4 Ablaufdiagramm für Rechts-Linkslauf: Der „untere" Teil muss stets übersprungen werden, wenn der „obere" Teil durchgeführt wurde!

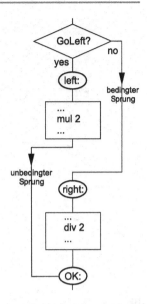

Nachfolgend ein Auszug aus dem Programm. Wir haben nur die Befehle für die Entscheidung angegeben. Die Befehle zur Umschaltung zwischen Rechts- und Linkslauf sollten Sie selbst programmieren.

```
ldn    GoLeft
jmpc Right (* bedingter    Sprung *)
Left:        (* Linkslauf          *)
...
jmp  OK    (* unbedingter Sprung *)
Right:      (* Rechtslauf         *)
...
OK:
```

Übung 10.5

Die SPS stellt verschiedene „Rotierbefehle" zur Verfügung, mit denen die Realisierung von Lauflichtern ebenfalls möglich ist. In Tab. 16.9 sind die in PLC-lite enthaltenen Funktionen aufgelistet. Versuchen Sie mit SHL (Links schieben um N bit, rechts mit Null füllen), SHR (Rechts schieben um N bit, links mit Null füllen), ROL (Links rotieren um N bit, „im Kreis")oder ROR (Rechts rotieren um N bit, „im Kreis") Lauflichter zu programmieren!

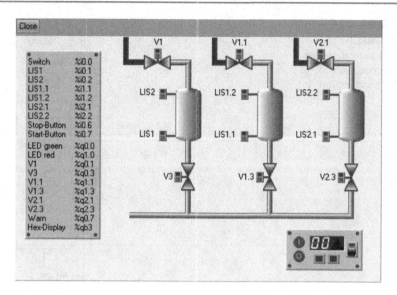

Abb. 10.5 Großes Messmodell „Tanks (big)"

10.7 Füllen mehrerer Messgefäße

Abbildung 10.5 zeigt das „Große Messmodell". Die drei Kessel sollen nacheinander gefüllt werden. Die Ventile V1, V1.1 und V2.1 müssen dazu nacheinander angesteuert
werden. Das ist praktisch das gleiche wie bei einem Lauflicht. Im Gegensatz zu den vor-
hin besprochenen Aufgaben mit dem Lauflicht bestimmt jedoch jetzt nicht ein Zeittakt
das Weiterschalten, sondern ein Signal aus dem Prozess: Jeweils das Erreichen der oberen Füllstände LIS2, LIS1.2 bzw. LIS2.2 geben das Startsignal für das Füllen des
nächsten Kessels.

Übung 10.6 (TANK102)

Nach dem Startsignal mit der ,I'-Taste sollen die drei Kessel einzeln nacheinander gefüllt und wieder entleert werden. Verwenden Sie den Funktionsbaustein FB_Tank.IL
für die Kesselfüllungen. Testen Sie das Programm mit dem großen Messmodell „Tanks
(big)".

10.8 Mehrfache Auswahl

Beispiel 10.3 (Ansteuerung einer 7-Segmentanzeige)

Bei einer 7-Segment-Anzeige sind sieben Leuchtdioden so angeordnet, dass die Kombination mehrerer Leuchtbalken eine Ziffer in lesbarer Form darstellt. (siehe Abb. 10.6)

Abb. 10.6 Benennungen der Segmente einer 7-Segmentanzeige

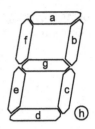

Die LEDs leuchten, wenn an dem betreffenden Anschluss des Bausteins eine ‚1' anliegt. Der Baustein hat 8 Anschlüsse: sieben für die Segmente und einen für den Punkt. Die Segmente sind im Uhrzeigersinn bezeichnet. Beim Prozess-Modell „7-Segment" von PLC-lite sind die Segmente a bis h an die Ausgänge %q0.0 bis %q0.7 angeschlossen, also a an %q0.0, b an %q0.1 usw.

In Abb. 10.7 sehen Sie die Anzeigen der Ziffern 0 bis 9 und der Buchstaben A bis F. Mithilfe der Zuordnungen in Abb. 10.6 können Sie die für jede Ziffer anzusteuernden Segmente bestimmen.

Übung 10.7 (7SEG101)

Erstellen Sie eine Tabelle aus der hervorgeht, welche Segmente bei den verschiedenen Zeichen angesteuert werden müssen.

Prüfen Sie die Tabelle mit PLC-lite nach! (Prozess: „7-Segment")

Übung 10.8 (7SEG102)

Mittels der Eingabeschalter an %ib1 werden Ziffern eingestellt, die auf der 7-Segmentanzeige angezeigt werden. Ergänzen Sie das folgende Teilprogramm! Das Ablaufdiagramm ist in Abb. 10.8 und das Struktogramm in Abb. 10.9 jeweils teilweise vorgegeben.

```
Program SevenSegment
Var
   InByte  AT %IB1: Byte
   OutByte AT %QB0: Byte
end_var
   ld   InByte
```

Abb. 10.7 Darstellung der HEX-Ziffern auf einer 7-Segmentanzeige

Abb. 10.8 Ablaufdiagramm
zu Übung 10.8

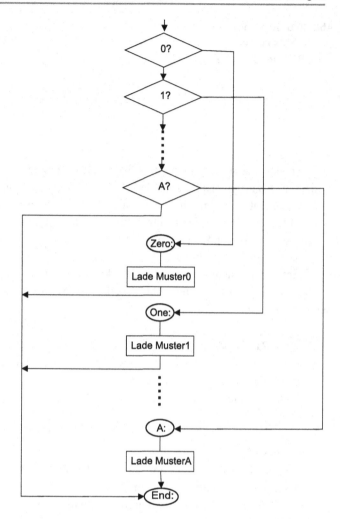

```
    eq    0
    jmpc Zero
    ld    InByte
    eq    1
    jmpc One
    ld    InByte
    eq    2
    jmpc Two
...
    jmp   End
Zero:
    ld    2#00111111
```

```
   jmp   End
One:
   ld    2#00000110
   jmp   End
Two:
   ...
End:
   st    OutByte
end_program
```

10.9 Zufallszahlen

Hier stellen wir Ihnen einen Funktionsbaustein vor, der „Zufallszahlen" zwischen 1 und 6 ausgibt. Dabei werden die Impulse eines schnell laufenden Generators in einem Zähler aufaddiert. Bei Überschreiten der 5 (= sechste Zahl, weil der Zähler von Null an zählt) wird der Zähler zurückgesetzt. Die Impulse werden gezählt, solange der Eingangswert run ‚1' ist. Dieser Eingangswert kann von einem Taster gelesen werden. Bei genügend großer Zyklusfrequenz der SPS arbeitet der Generator so schnell, dass der Zähler bei einem (auch noch so kurzen) Tastendruck mehrmals von 0 bis 5 durchläuft. Der Zählerstand ist damit quasi „zufällig".

Im folgenden Beispiel 10.4 ist der Generator trickreich programmiert: um die schnellstmögliche Frequenz zu erhalten, wird kein Timer verwendet, sondern die boolesche Variable toggle wird in jedem Zyklus „umgekippt" indem sie erst mit ldn toggle negiert geladen und mit st toggle gleich wieder gespeichert wird. Dieser Wert wird auf den Zähleingang geschrieben. Dadurch erhält der Counter mit zwei Zyklen einen Taktimpuls.

Wenn der Zähler den Zählwert 6 erreicht hat, muss er zurückgesetzt werden, weil der Zähler von 0..5 = 6 Impulse zählen soll. Nach Setzen des R-Eingangs muss der Counter gleich nochmal mit cal Counter aufgerufen werden, damit er sofort auf Null gesetzt wird.

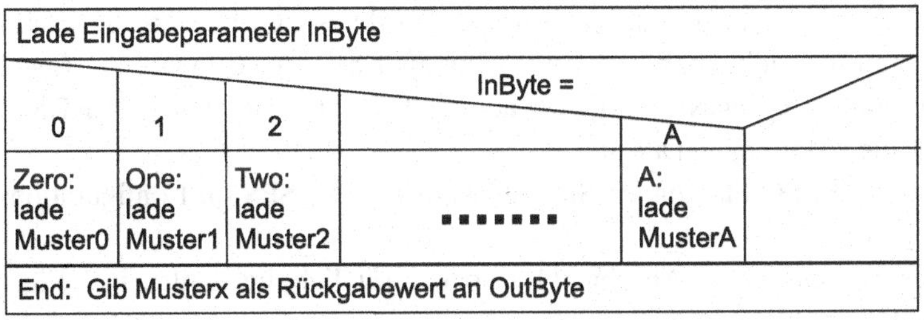

Lade Eingabeparameter InByte					
			InByte =		
0	1	2		A	
Zero: lade Muster0	One: lade Muster1	Two: lade Muster2	■■■■■■■	A: lade MusterA	
End: Gib Musterx als Rückgabewert an OutByte					

Abb. 10.9 Struktogramm zu Übung 10.8

Beispiel 10.4 (Funktionsbaustein zum Erzeugen von Zufallszahlen)

```
Function_Block Chance16
var_input
  run: bool
end_var
var_output
  Value: sint
end_var
var
  Counter: CTU
  toggle: BOOL
end_var
  ldn   run
  jmpc ausgabe
(* Zählimpulse erzeugen *)
  ldn toggle
  st    toggle
  st    Counter.CU
  cal Counter
(* Endwert prüfen       *)
  ld    Counter.CV
  gt    5
  st    Counter.R
  cal Counter
ausgabe:
  ld    Counter.CV
  int_to_sint
  add 1
  st    Value
end_function_block
```

Übung 10.9 (DICE101)

Zeichnen Sie einen Ablaufplan zu dem Funktionsbaustein Chance16. Schreiben Sie den Funktionsbaustein ab, speichern Sie ihn als Datei FB_CHANC.IL. Erstellen ein Hauptprogramm, welches nach Druck auf die Taste an %i0.0 auf der HEX-Anzeige an %qb1 die Zufallszahlen ausgibt.

Hinweis: In PLC-lite können Sie die Zykluszeit der SPS im Konfigurationsfenster einstellen.

Später werden wir im Abschn. 11.3 noch zusätzlich die Zahlen in „Würfelform" anzeigen lassen!

Funktionen

11

Zusammenfassung

Funktionen sind Ihnen wahrscheinlich aus der Mathematik bekannt. Einer Funktion wird eine Zahl „übergeben", die sie verarbeitet und das Ergebnis (wieder eine Zahl!) „zurückgibt". Zum Beispiel liefert die Funktion ‚Quadrat' zu jeder eingegebenen Zahl das Quadrat dieser Zahl. In diesem Kapitel lernen Sie, wie in der SPS nach IEC 61131-3 die Funktionen angewendet werden.

Wie man in der IEC1131-3 Funktionen verwendet, zeigen wir Ihnen am Beispiel eines Umsetzers für Ziffern in die 7-Segment-Anzeige (Sieben-Segment-Dekoder).

11.1 Verwendung von Funktionen

Eine Funktion liefert für einen Eingangswert einen Ausgangswert. Der Eingangswert kann eine Zahl sein, also z. B. ein Byte. Der Ausgangswert kann eine andere Darstellung dieser Zahl sein, etwa im HEX-Code oder als Ansteuerungscode für eine Ziffernanzeige (7-Segment-Code). Den Umsetzer für Ziffern in die 7-Segment-Anzeige aus Abschn. 10.3 kann man vorteilhaft als Funktion einsetzen.

Die Verwendung einer Funktion wollen wir am Beispiel der Umsetzung eines Byte-Wertes in einen 7-Segmentcode erklären.

Die Funktion erhält den Namen `ByteTo7Seg`, das zugehörige Hauptprogramm soll `SevenSegment` heißen. Im Hauptprogramm wird die Funktion mit ihrem Namen aufgerufen (`ByteTo7Seg`).

Das aufrufende Hauptprogramm liest den Eingabewert mit dem `ld`-Operator ins Aktuelle Ergebnis `AE` und ruft danach die Funktion auf. Sie erhält den Rückgabewert der Funktion wieder im Aktuellen Ergebnis. Diese (inzwischen veränderte) Aktuelle Ergebnis schreibt sie mit dem `st`-Operator ins Ausgangsbyte `%qb0`.

© Springer-Verlag Berlin Heidelberg 2015
H.-J. Adam, M. Adam, *SPS-Programmierung in Anweisungsliste nach IEC 61131-3*,
DOI 10.1007/978-3-662-46716-9_11

Beispiel 11.1 (Hauptprogramm mit Funktionsaufruf)

```
Program SevenSegment
var
  InByte  AT %IB1: Byte
  OutByte AT %QB0: Byte
end_var
  ld InByte
  ByteTo7Seg        (* Aufruf der Funktion *)
  st OutByte
end_program
```

Wie muss man nun die Funktion selbst erstellen? Schauen Sie sich noch einmal Übung 10.8 an. Vergleichen Sie das dort angegebene Programm mit der im folgenden Beispiel 11.2 abgedruckten Funktion IntTo7Seg!

Beispiel 11.2 (Funktion zur Ansteuerung der 7-Segmentanzeige)

```
Function ByteTo7Seg: Byte (* Typ Rückgabewert *)
var_input
  Digit: Byte  (* Deklaration Eingabewert *)
end_var
  ld Digit      (* Eingabewert *)
eq 0
  jmpc Zero
  ld   Digit
eq 1
  jmpc One
  ...
Zero:
  ld  2#00111111
  jmp End
One:
  ld  2#00000110
  jmp End
  ...
End:
  st   ByteTo7Seg  (* Rückgabewert *)
ret                (* Ende *)
end_function
```

Erkennen Sie im Beispiel 11.2, wie die Funktion ByteTo7Seg auf der Variable Digit einen Zahlenwert übernimmt? Dieser wird mit dem ld Digit ins aktuelle Ergebnis übernommen und weiterverarbeitet. Danach wird das Ergebnis auf den Speicher für den Rückgabewert zugewiesen, der unter dem Funktionsnamen angesprochen wird (st ByteTo7Seg). Der Rücksprung wird durch RET gekennzeichnet (engl. *return* = zurück). In der Zeile Function... wird nach dem Doppelpunkt der Datentyp des Rückgabewerts angegeben.

Übung 11.1

Beschreiben Sie mit Ihren Worten, wie eine Funktion aufgebaut ist, wie sie den Eingangswert aus dem Hauptprogramm einliest und wie sie das Ergebnis ins Hauptprogramm zurückgibt!

Mit der Variable zwischen var_input und end_var erhält die Funktion ihren Eingabewert.
Die Anweisung RET markiert das Ende der Funktion.

Die Funktion muss (wie ein Funktions*baustein*) in einer eigenen Datei untergebracht werden. Außerdem müssen Sie in Ihrem Projekt noch einen Programm-Baustein haben, der als „Hauptprogramm" die Funktion aufruft.

Übung 11.2 (7SEG111)

Erstellen Sie das Hauptprogramm und die Funktion für die 7-Segment-Codierung wie im Beispiel 11.2! Das Programm soll das Eingangsbyte von %ib1 in eine Siebensegmentform umwandeln. Die 7-Segment-Anzeige soll an %qb0 angeschlossen werden.

11.2 Unterschied zwischen Funktion und Funktionsbaustein

Leider sind in der IEC 61131 die Namen „Funktion" und „Funktions*baustein*" leicht zu verwechseln. Achten Sie daher genau auf den Unterschied:

Der Funktionsbaustein enthält ein „*Gedächtnis*". Die Ausgabe eines Funktionsbausteins kann trotz gleicher Eingangssignale unterschiedliche Werte annehmen. Das klingt vielleicht etwas rätselhaft, so als ob bei einem Funktionsbaustein zufällige Werte ausgegeben würden. Nein, zufällig sind die Ausgabewerte eines Funktionsbausteins nicht! Betrachten wir einen Zähler. Der zu zählende Impuls erzeugt stets das gleiche Eingangssignal; aber je nach vorherigem Verlauf gibt der Funktionsbaustein einen anderen Zahlenwert aus. Das heißt, der Funktionsbaustein muss ein Gedächtnis haben, in dem er den vorherigen Zahlenwert speichert, um nach einem Zählimpuls die nächste Zahl bestimmen zu können.

Bei der Funktion hängt der Ausgabewert *immer direkt* von dem Eingabewert ab. Im Beispiel 11.2 wird auf ein- und denselben bestimmten Eingangswert immer der gleiche Ausgangswert ausgegeben, unabhängig davon, welchen Wert die Funktion in einem vorherigen Aufruf verarbeitet hat. Die Funktion benötigt also kein Gedächtnis, weil der Ausgabewert stets aus dem augenblicklichen Eingangswert bestimmt werden kann.

Anders als Funktionsbausteine müssen Funktionen vor der Verwendung nicht gesondert instanziiert werden. Das SPS-Betriebssystem belegt den für die Variablen der Funktion benötigten Speicher automatisch nur während diese aufgerufen wird. Nach der Rückkehr aus der Funktion wird dieser Speicherbereich sofort wieder freigegeben. Damit stehen alle innerhalb der Funktion geänderten Variableninhalte beim nächsten Aufruf nicht mehr zur Verfügung, und es ergibt sich gerade das zuvor beschriebene, für eine Funktion typische Verhalten: sie „vergisst" alte Werte.

> Der Funktions*baustein* enthält ein „*Gedächtnis*".
> Der Ausgabewert einer *Funktion* hängt immer direkt vom Eingabewert ab.

11.3 Würfelspiel

In der Übung 10.9 haben Sie mit einem Zufallsgenerator ein Würfelspiel programmiert. Nun wollen wir es um eine schöne Würfelanzeige erweitern. Die Funktion zur Umsetzung der Zahlenwerte in die Anzeige arbeitet praktisch genauso wie die Umsetzung einer Zahl in den 7-Segment-Code!

Übung 11.3 (DICE111)

Erweitern Sie die Übung 10.9 um die Funktion `IntToDice` zur Anzeige der Würfelergebnisse im Prozess „Dice". Speichern Sie die Funktion unter dem Namen `F_Dice.IL`.

11.4 BCD-Umsetzer

In Übung 8.15 sollte der Kesselinhalt in Litern angezeigt werden. Damals hatten wir den „Schönheitsfehler", dass die Anzeige in hexadezimalen Zahlen erfolgte. Das wollen wir nun ändern und eine Funktion entwerfen, welche die hexadezimale Schreibweise in eine BCD-Zahlenschreibweise umsetzt.

Übung 11.4 (BCD111)

Erstellen Sie eine Funktion zur Umsetzung von Hexadezimal- in BCD-Zahlen! Testen Sie die Funktion in einem geeigneten Programm, zum Beispiel dem aus Übung 8.15.

11.5 Parameterübergabe an die Funktion

Die bisher verwendeten Funktionen bildeten aus genau *einem* Eingangswert einen Ausgabewert. Der Eingangswert wurde über das aktuelle Ergebnis in die Funktion hineingebracht und der Ausgabewert über das aktuelle Ergebnis an das aufrufende Programm zurückgegeben.

Wie geht das Ganze vor sich, wenn die Funktion mehr als nur einen einzigen Eingabewert benötigt?

Zum Beispiel soll die Funktion aus zwei Zahlen die größere bestimmen und diese zurückliefern. Bei der SPS geht das so: Die erste Zahl wird mit dem LD-Operator in das Aktuelle Ergebnis CR geladen, die zweite Zahl wird als Parameter hinter den Funktionsnamen geschrieben.

Vielleicht fällt Ihnen die Ähnlichkeit einer Funktion mit einem Operator (z. B. add) auf? In beiden Fällen wird der eine Operand in das Aktuelle Ergebnis geladen, während der zweite hinter dem Funktionsnamen übergeben wird. Das Rechenergebnis steht danach im aktuellen Ergebnis zur Verfügung!

> Eine Funktion liefert nach dem Aufruf genau ein Datenelement zurück.
>
> In der Sprache Anweisungsliste befindet sich der Rückgabewert im Aktuellen Ergebnis (AE).
>
> Sie unterscheidet sich im Gebrauch nur wenig von einem Operator.

Beispiel 11.3 (Funktionsaufruf mit Übergabe von zwei Parametern)

```
program MaxTest
   ...
   ld       Digit1   (* Parameter1 in CR laden    *)
   Greatest Digit2   (* Aufruf und Param. 2 laden *)
   st       OutDigit (* Rückgabewert übernehmen   *)
end_program
```

Die Funktion selbst hat nun zwei Eingangsparameter in der Liste zwischen var_input und end_var.

- Der zuerst aufgeführte Wert wird aus dem Aktuellen Ergebnis (CR) genommen,
- der Zweite ist der Parameter hinter dem Funktionsnamen.

Beispiel 11.4 (Variablendeklaration bei zwei Eingangsparametern)

```
Function Greatest: int
var_input
   D1: int   (* Parameter1 aus CR *)
   D2: int   (* Parameter2 laden  *)
```

```
end_var

  ...

  ret          (* Rückgabewert in CR *)
end_function
```

Übung 11.5 (MAX111)

Schreiben Sie die Funktion `Greatest`, welche den größeren der beiden übergebenen Zahlenwerte zurückgibt, und testen Sie sie mit einem geeigneten Programmbeispiel.

Übung 11.6 (TIME111)

Auf ein Startsignal hin sollen zwei Stoppuhren laufen, die mit getrennten Tastern unabhängig voneinander gestoppt werden können. Auf Tastendruck soll die jeweilige `Zeit1` bzw. `Zeit2` angezeigt werden. Im `Byte2` soll die kürzere, im `Byte3` die längere Zeit angezeigt werden.

Müssen mehr als zwei Werte übergeben werden, kann die Parameterliste hinter dem Funktionsnamen verlängert werden. Trennen Sie die einzelnen Parameterwerte durch Komma. Beispielsweise soll eine Funktion überprüfen, ob eine Zahl zwischen zwei Grenzwerten liegt. Dieser sogenannten Diskriminator-Funktion wird die zu testende Zahl und die beiden Grenzwerte, also insgesamt drei Werte übergeben.

Übung 11.7 (DISKR111)

Schreiben Sie eine Funktion `Between`, die Sie als `F_Diskr.IL` abspeichern. Sie soll zwei als Parameter übergebene Werte mit dem im aktuellen Ergebnis stehenden Wert vergleichen. Die Funktion soll ‚true' zurückgeben, wenn das aktuelle Ergebnis zwischen den beiden Parameterwerten liegt.

Beispiel 11.5 (Hauptprogramm mit dem Funktionsaufruf und der Parameterliste)

```
program Diskriminator
var
  CompValue AT %ib0: sint
  MinValue  AT %ib1: sint
  MaxValue  AT %ib2: sint
  OKLamp AT %qx0.0:  bool
end_var

  ...
  ld      Compvalue
  Between MinValue, MaxValue
  st      OKLamp
  ...
end_program
```

Ablaufsteuerungen 12

Zusammenfassung

In den vorausgehenden Kapiteln haben Sie die Sprach- und Strukturelemente für eine Programmierung der SPS mittels Anweisungsliste erlernt. Sie haben damit das Werkzeug, jede beliebige Art von technischen Prozessen mit SPS zu steuern.

Eine bestimmte Art von Prozessen können untergliedert werden in eine Abfolge von Einzelschritten, die stets nacheinander ablaufen. Für diese eignet sich die Programmierlogik der „Ablaufsteuerungen", die in diesen Fällen eine übersichtliche Programmstruktur ergibt. In der Norm IEC 61131-3 wird für die Programmierung von Ablaufsteuerungen eine spezielle Sprache definiert: die „Ablaufsprache" (AS), die aber nicht Gegenstand dieses Kurses ist. Wir wenden die Programmierlogik, die hinter den Ablaufprogrammen steckt, in der Sprache Anweisungsliste an. Obwohl das eigentlich nicht praxisgerecht ist, hat es aber den Vorteil, dass die prinzipielle Vorgehensweise gut nachvollzogen werden kann.

12.1 Grundprinzip der Ablaufsteuerung am Beispiel Drucktaster

Die Ablaufsteuerungen sind in der Praxis so wichtig, dass die Norm hierfür eine eigene Sprache vorsieht. In diesem Kapitel realisieren Sie die Ablaufsteuerung aber nicht mit dieser speziellen Sprache, sondern in der Sprache „Anweisungsliste". Das ist zwar etwas „umständlicher", aber dafür erhalten Sie einen Einblick in die Arbeitsweise und die prinzipiellen Ideen, die hinter dieser Programmiersprache stehen.

Die meisten Steuerungen lassen sich in aufeinander folgende Einzelschritte zerlegen. Durch diese Aufgliederung erhält man eine größere Übersicht. Der Übergang von einem Einzelschritt zum nächsten hängt von Bedingungen ab; das kann ein erreichter Füllstand oder eine bestimmte Temperatur, aber auch der Ablauf einer Zeitdauer sein. Die Programme gewinnen durch die Realisierung als Ablaufsteuerung ganz erheblich an Übersichtlichkeit und lassen sich daher erheblich einfacher programmieren und später warten.

© Springer-Verlag Berlin Heidelberg 2015
H.-J. Adam, M. Adam, *SPS-Programmierung in Anweisungsliste nach IEC 61131-3*,
DOI 10.1007/978-3-662-46716-9_12

Sie können sich das Prinzip der Ablaufsteuerung auch so vorstellen: Der Prozessablauf wird an einer Anzeigetafel dargestellt. Jeder wichtige Prozessschritt wird auf einem hinterleuchteten Feld beschrieben, z. B.: 1. Füllen, 2. Rühren, 3. Heizen und Rühren, 4. Leeren. Dann kann jeder mit einem Blick den augenblicklichen Arbeitsstand der Anlage sehen. Sie erkennen: Es ist immer nur ein Schritt aktiv, also nur ein Feld erleuchtet. In jedem Schritt werden bestimmte Aktionen ausgeführt. Die Reihenfolge der Schritte ist vorgegeben und bestimmte Bedingungen müssen für den Wechsel in den Folgeschritt erfüllt sein. Die Ablaufsteuerung mittels SPS unterstützt diese Eigenschaften des Prozesses.

Bevor wir Sie mit einer Menge Theorie bombardieren, betrachten wir erst mal ein einfaches Beispiel, um das Prinzip einer Ablaufsteuerung zu erforschen. Das folgende, zunächst ganz einfach scheinende Problem eignet sich sehr gut:

Beispiel 12.1 (Drucktaster)

Eine Lampe soll leuchten, solange ein Taster gedrückt ist.

Diese Aufgabe lässt sich natürlich mit dem simplen Programm:

```
Program PushButton0
VAR
  Button AT %IX0.0: Bool
  Lamp   AT %QX0.0: Bool
END_VAR
  LD  Button
  ST  Lamp
end_program
```

erledigen. Aber ganz so einfach wollen wir uns das nicht machen, schließlich gilt es noch wesentlich komplexere Aufgaben zu meistern! Deshalb gehen wir hier systematisch schrittweise vor:

Der gesamte Prozess kann in zwei *Schritte* zerlegt werden, die in Abb. 12.1 graphisch dargestellt sind:

- **Schritt 1:** Die Taste ist nicht gedrückt
  - Die Lampe ist aus
  - Warten auf Tastendruck

- **Schritt 2:** Die Taste ist gedrückt
  - Die Lampe ist an
  - Warten bis Taste gelöst wird

Wenn Sie diese Schritte genauer betrachten, können Sie bei jedem Schritt eine *Aktion* ausmachen (die Lampe ist aus/an) und eine *Übergangsbedingung (Transitionsbedingung)*, die erfüllt sein muss, damit das System in den nächsten Schritt übergeht (warten auf Tastendruck/warten auf loslassen).

Abb. 12.1 Ablauf des Beispiels 12.1 Drucktaster

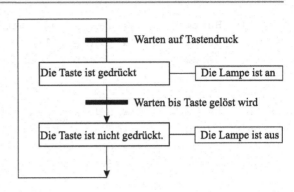

12.2   Die Ablaufkette

Das Beispiel 12.1 (Drucktaster) wird nun in die Sprache der SPS übertragen:

Die Steuerung ist zerlegt in *Schritte* (engl. *step* = Schritt) und bildet insgesamt einen verketteten Ablauf von Schritten. In dieser *Ablaufkette* ist zu jedem Zeitpunkt stets nur *ein* Schritt aktiv. Um in den Nachfolgeschritt zu gelangen, muss eine *Bedingung (Transition)* erfüllt sein (engl. *transition* = Übergang). Je Schritt führt die Steuerung unterschiedliche *Aktionen* aus (engl. *action* = Handlung).

Das sieht doch ganz so wie ein Lauflicht aus! Statt eines leuchtenden Lämpchens haben wir hier einen aktiven Prozessschritt. Der Übergang von einem Zustand in den nächsten wird aber nicht durch einen Zeittakt vorgegeben, sondern eher wie bei dem bereits im Abschn. 10.7 behandelten Problem: Eine Aktion nach der anderen läuft ab und die Transitionen (Übergangsbedingungen) liefert der Prozess.

Beispiel 12.2 (Drucktaster als Ablaufkette)

Die Steuerung für das Beispiel 12.1 kann mit dem folgenden Programmteil verwirklicht werden: Um die Ablaufkette zu programmieren, können wir für jeden Schritt einen Merker („*Schrittmerker*" Step1 und Step2) vorsehen. Ein gesetzter Merker bedeutet dann: Schritt aktiv. Die Übergänge erfolgen durch Rücksetzen/Setzen der entsprechenden Merker sobald die *Transitionsbedingen* erfüllt sind.

```
Program PushButton1
VAR
   Step1:  bool
   Step2:  bool
   Button AT %IX0.0: Bool
   Lamp   AT %QX0.0: Bool
END_VAR
(* Ablaufkette: *)
(* SCHRITT 1 *)
   LD    Step1       (* Schritt 1 aktiv?       *)
```

```
   AND  Button    (* Taste gedrückt?       *)
   R    Step1     (* Schritt 1 verlassen   *)
   S    Step2     (* Schritt 2 aktivieren  *)


(* SCHRITT 2 *)
   LD   Step2     (* Schritt 2 aktiv?      *)
   ANDN Button    (* Taste losgelassen?    *)
   R    Step2     (* Schritt 2 verlassen   *)
   S    Step1     (* Schritt 1 aktivieren  *)


(* AKTION im Schritt 2 *)
   LD   Step2     (* Schritt 2 aktiv?      *)
   ST   Lamp      (* Lampe einschalten     *)
end_program
```

Beachten Sie, dass im Programmbeispiel 12.2 absichtlich eine Trennung durchgeführt wurde zwischen dem Ablauf der Ablaufkette und der Aktion, die im Schritt 2 ausgeführt werden soll. Im Beispiel ist nur bei Schritt 2 eine Aktion gefordert, im allgemeinen wird aber in jedem Schritt jeweils eine oder mehrere Aktionen auszuführen sein. Die im jeweiligen Schritt durchzuführenden Aktionen werden erst am Schluss, nach der Ablaufkette, programmiert. Dadurch erhöht sich die Übersichtlichkeit des Programms.

12.3   Anfangszustand setzen

Schauen Sie sich noch einmal kritisch das Programmbeispiel 12.2 an! Konzentrieren Sie sich ganz auf den Programmbeginn, ganz zu Anfang, wenn das Programm gestartet wird. Beantworten Sie die Frage: Welche Werte haben die beiden Merker? Genau: Beide sind ‚0‘; die Steuerung kann gar nicht anlaufen! Die Steuerung kann nur in Gang kommen, wenn man zu Beginn dafür sorgt, dass *genau ein* Merker gesetzt wird. Wie man das machen kann, haben Sie bereits in Abschn. 10.3 gelernt. Wir müssen also noch dafür sorgen, dass zu Programmstart genau ein Merker gesetzt wird.

```
ldn Cycle1
s   Cycle1
s   Step1
```

Bei der Ablaufsteuerung muss in der Ablaufkette stets *genau ein Merker* gesetzt sein.

Übung 12.1 (PUSH121)

Schreiben Sie das Beispielprogramm `PushButton1` ab und testen Sie es. Der Test ist positiv verlaufen, wenn die Lampe leuchtet, solange der Taster an `%IX0.0` gedrückt ist, und erlischt, wenn der Taster losgelassen wird.

Wir können sehr gut verstehen, wenn Sie jetzt noch nur wenig vom Sinn der Ablaufsteuerungen überzeugt sind, wurde das Programm bei gleicher Funktionalität doch ganz erheblich länger als das Programmbeispiel 12.1 `PushButton0`! Aber nur noch ein wenig Geduld, und Sie werden die Vorteile klar erkennen. Falls Sie die Übungen 6.16 und 7.12 versucht haben, werden Sie schon bald die Vorteile des neuen Entwurfsverfahrens schätzen lernen!

12.4   Ablaufschritt und Weiterschaltbedingung

Eine Ablaufsteuerung hat einen zwangsweise gesteuerten Ablauf. Die kleinste funktionelle Einheit einer solchen Steuerung ist ein *Ablaufschritt* (oder kurz *Schritt*). Die gesamte Aufgabe wird also in voneinander trennbare einzelne „Bearbeitungsblöcke" zerlegt. Die Reihenfolge der Schritte ergibt das gesamte Programm, die sog. *Ablaufkette*.

Jedem Schritt wird ein *Ablaufglied* zugeordnet. Dieses ist im Beispiel ein Merker, der über Verknüpfungen die notwendigen Signale zur Prozessbeeinflussung, d. h. die *Aktionen* erzeugt.

Wenn die *Weiterschaltbedingung* erfüllt ist, wird der nächste Schritt aktiviert, indem der nächste Merker gesetzt und der jetzige rückgesetzt wird. Die Weiterschaltbedingungen können von außen kommen (Tastendruck vom Bedienpersonal), vom Prozess selbst („von innen": z. B. erreichte Temperatur, erreichter Füllstand, abgelaufene Zeit usw.) oder auch von einem Zeitgeber.

Weil jedem Schritt ein Merker zugeordnet ist, ist aus dem gesetzten Merker jederzeit der *aktuelle Zustand der Steuerung* erkennbar.

Beim Aufstellen der Weiterschaltbedingungen heißt es Obacht geben! Wenn etwa die Bedingung im Prozess nicht eintreten *kann*, dann *kann* die Steuerung nicht mehr weiterlaufen, sie „blockiert". Eine häufige Ursache für das Blockieren einer Steuerung sind auch *vergessene* Weiterschaltbedingungen. Allerdings können gegenüber einer „normalen" Steuerung bei einer Ablaufsteuerung Fehler meist schnell erkannt werden.

12.5   Graphische Darstellung von Ablaufsteuerungen

In der Praxis bietet die Ablaufprogrammierung einige Vorteile:

- einfache Projektierung und Programmierung
- übersichtlicher Programmaufbau

Abb. 12.2 Graphische Darstellung der Ablaufkette

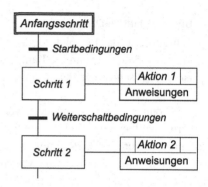

- leichtes Ändern des Funktionsablaufs
- bei Störungen leichtes Erkennen der Fehlerursache
- einstellbare unterschiedliche Betriebsarten.

Praktisch alle technischen Prozesse können in Teilschritte zerlegt werden, die in einer bestimmten Reihenfolge nacheinander ausgeführt werden müssen. Man spricht von einem „Ablauf". Jeden Schritt in diesem Ablauf kann man genau bezeichnen (z. B. nummerieren). Die Schritte sind so eingeteilt, dass stets nur ein einziger bestimmter Schritt in Bearbeitung, also „aktiv" ist.

Eigentlich ist das mit der Ablaufsteuerung für technische Prozesse gar nichts so ungewöhnliches: Wenn man einen technischen Vorgang beschreibt, zerlegt man „automatisch" den gesamten Ablauf in eine Folge von Einzelvorgängen.

Die Norm IEC 61131-3 beschreibt auch die Ablaufsprache und deren graphische Darstellung. Sie ist an die Norm DIN EN 60848 angelehnt, welche die Darstellung von Ablaufsteuerungen regelt. Diese ist unter dem Akronym „GRAFCET" (GRAphe Fonctionnel de Commande Etapes/Transitions) bekannt und ersetzt seit 2005 die DIN 40719 Teil 6. Ein Beispiel ist in Abb. 12.2 gezeigt.

- Die Schrittsymbole werden als Rechtecke dargestellt. Entweder durch eine Nummer oder einen symbolischen Namen wird der Schritt beschrieben.
- Die auszuführenden Befehle, wenn dieser Schritt aktiv ist, werden rechts neben dem Schrittsymbol in einem eigenen Feld als *Aktionsblöcke* dargestellt.
- Oben im Aktionsblock wird in der Mitte der *Aktionsname* eingetragen.
- Im unteren Teil des Aktionsblocks werden die Befehle angegeben, die mit diesem Schritt ausgeführt werden sollen.
- Die Eintragungen im linken Teil oben sind die *Aktionsbestimmungszeichen*. Wir besprechen sie etwas weiter hinten.
- Im oberen rechten, optionalen Teil des Aktionsblocks kann eine „Anzeige"-Variable vom Datentyp BOOL festgelegt werden, die den Abschluss, Zeitüberschreitung oder Fehlerbedingungen usw. dieses Aktionsblocks anzeigt.

12.6 Druckschalter

Bereits die folgende Aufgabe zeigt den Vorteil der systematischen Vorgehensweise bei der Programmierung in der Ablaufsprache. Vielleicht haben Sie sich mit der Übung 6.16 befasst?

Beim sogenannten „Nachttischlampenschalter" soll bei jedem Druck auf den Schalter (eigentlich: Taster) das Licht wechseln: Der erste Druck schaltet das Licht ein, welches beim nächsten Druck auf eben diesen Taster wieder ausgeschaltet wird. Dies lässt sich nicht mehr mit einem „gewöhnlichen" Taster erledigen! Und ohne Systematik wird diese Aufgabe zur Fieselei!

Wir können vier verschiedene Zustände (Schritte) unterscheiden:

1. Taste losgelassen, Licht aus, warten auf Druck
2. Taste gedrückt, Licht an, warten auf Loslassen
3. Taste losgelassen, Licht auch an, warten auf Druck
4. Taste wieder gedrückt, Licht aus, warten auf Loslassen

Das Licht muss sowohl im Schritt 2 als auch im Schritt 3 leuchten. In diesen beiden Schritten ist also die Aktion „Licht an" auszuführen, in den beiden anderen nichts.

Übung 12.2 (PUSH122)

Ein Taster soll eine Lampe einschalten; durch erneuten Druck auf diesen Taster soll die Lampe wieder ausgeschaltet werden.

Abb. 12.3 Ablaufkette zum Druckschalter (Übung 12.2)

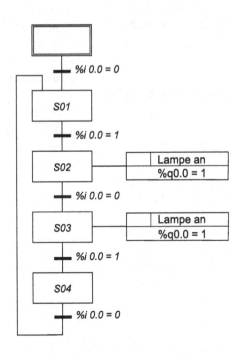

Die Steuerung für diese Aufgabe kann mit dem Programmbeispiel 12.3 und der zugehörigen Ablaufkette Abb. 12.3 verwirklicht werden.

Beispiel 12.3 (Druckschalter)

```
Program PushButton2
VAR
   Step1:    bool
   Step2:    bool
   Step3:    bool
   Step4:    bool
   Cycle1:   bool
   Button AT %IX0.0: bool
   Lamp   AT %QX0.0: bool
END_VAR
   ldn Cycle1
   s   Cycle1
   s   Step1
(* Ablaufkette: *)
(* SCHRITT 1 *)
   LD    Step1        (* Schritt 1 aktiv?    *)
   AND   Button       (* Taste gedrückt?     *)
   R     Step1        (* Schritt 1 verlassen *)
   S     Step2        (* Schritt 2 aktivieren *)
(* SCHRITT 2 *)
   LD    Step2        (* Schritt 2 aktiv?    *)
   ANDN Button        (* Taste losgelassen?  *)
   R     Step2        (* Schritt 2 verlassen *)
   S     Step3        (* Schritt 3 aktivieren *)
(* SCHRITT 3 *)
   LD    Step3        (* Schritt 3 aktiv?    *)
   AND   Button       (* Taste gedrückt?     *)
   R     Step3        (* Schritt 3 verlassen *)
   S     Step4        (* Schritt 4 aktivieren *)
(* SCHRITT 4 *)
   LD    Step4        (* Schritt 4 aktiv?    *)
   ANDN Button        (* Taste losgelassen?  *)
   R     Step4        (* Schritt 4 verlassen *)
   S     Step1        (* Schritt 1 aktivieren *)
(* AKTIONEN  *)
   LD    Step2        (* Schritt 2 aktiv?    *)
   ST    Lamp         (* Lampe einschalten   *)
   LD    Step3        (* Schritt 3 aktiv?    *)
```

```
ST    Lamp        (* Lampe einschalten    *)
end_program
```

12.7 Steuerung von Aktionen

Bei dem Tastschalter muss jeweils im Schritt zwei *und* drei die Lampe aktiviert werden, es muss also in zwei Schritten die gleiche Aktion ausgeführt werden. Im obigen Beispiel werden dazu die beiden Merker für die jeweiligen Schritte mit ODER verknüpft.

```
alternativ für die AKTIONEN:
(* AKTION *)
    LD    Step2       (* Schritt 2 aktiv?      *)
    OR    Step3       (* Schritt 3 aktiv?      *)
    ST    Lamp        (* Lampe einschalten     *)
```

Das gleiche Ziel kann erreicht werden, wenn im Schritt zwei die Lampe auf „EIN" *gesetzt* und im Schritt vier die Lampe auf „AUS" *zurückgesetzt* wird. Die Aktion erstreckt sich damit über mehrere Schritte. In solchen Fällen muss sich die SPS die Aktion über mehrere Schritte hinweg merken, sie also speichern. Zum Speichern kann der Ausgang direkt gesetzt bzw. rückgesetzt werden. Graphisch ist das in der Ablaufkette in Abb. 12.4 dargestellt.

> Wenn eine Aktion über mehrere Schritte hinweg wirksam sein soll, muss sie „speichernd" ausgeführt werden.

In dem Schritt, in dem die Aktion beginnt, wird der Ausgang gesetzt, in dem Schritt, in dem die Aktion beendet werden soll, wird der Ausgang wieder zurückgesetzt.

Manche Befehle sollen nur während des aktuellen Schrittes aktiv sein („nichtspeichernd"), andere müssen sich über mehrere Schritte hinweg auswirken („speichernd"), wieder andere müssen eine ganz bestimmte Zeit lang andauern, bevor der Schrittzähler weiterlaufen darf.

Bei der Befehlsausgabe sind die nichtspeichernden (N) Befehle am einfachsten zu handhaben. Die Ausführung des Befehls hört auf, sobald der Schritt verlassen wird.

In Tab. 12.1 sind einige der in der Norm IEC 61131 definierten Aktionen aufgelistet. Die Art der Aktion wird durch das Bestimmungszeichen im linken Teil des Befehlsfeldes angegeben.

Übung 12.3 (PUSH123)

Verändern Sie das Programm für den Tastschalter (Beispiel 12.3) so, dass im Schritt 2 die Lampe *speichernd* EIN-, im Schritt 4 die Lampe *speichernd* AUS-geschaltet wird (Abb. 12.4).

Abb. 12.4 Ablaufkette zu
Übung 12.3 mit Setzen/ Rück-
setzen (Speicherung) der
Zustände

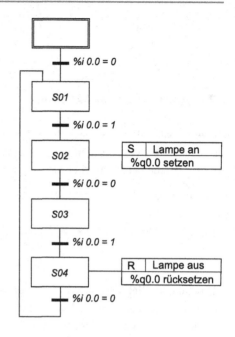

Sie können das Programm noch so erweitern, dass auf den LEDs 1.1 bis 1.4 der jeweilige Schrittmerker angezeigt wird.

Übung 12.4 (TANK121)

Erstellen Sie für die Anlage in Abb. 12.5 nach dem Fließbild die Ablaufsteuerung!
Geben Sie die in Beispiel 12.4 abgedruckte Anweisungsliste in die SPS ein, testen Sie
das Programm und beschreiben Sie verbal (in Worten) den Prozessablauf.

Beispiel 12.4 (Tank)

Programmvorschlag für die Übung 12.4:

```
Program Tank
VAR
    S01:    BOOL
    S02:    BOOL
```

Tab. 12.1 Aktionsbestimmungszeichen

Bestimmungszeichen	Aktion, Erläuterung	
Keins oder N	Nichtgespeichert	
R	Vorrangiges Rücksetzen	overriding reset
S	Setzen (gespeichert)	set stored
L	Zeitbegrenzt	time limited
D	Zeitverzögert	time delayed

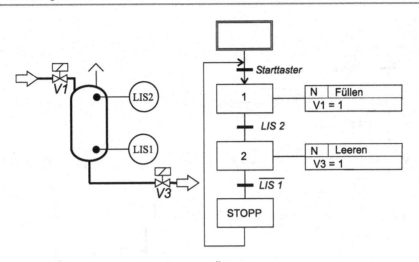

Abb. 12.5 Anlage und Fließbild (Ablaufkette) zu Übung 12.4

```
S03:      BOOL
Cycle1: BOOL
V1 AT %qx0.1:    BOOL
V3 AT %qx0.3:    BOOL
LIS1 AT %ix0.1:  BOOL
LIS2 AT %ix0.2:  BOOL
Start AT %ix0.7: BOOL
END_VAR
LDN Cycle1
S   Cycle1
S   S03
(* SCHRITT 1 *)   (*Ablaufkette        *)
LD   S01         (*Schritt 1 aktiv?    *)
AND  LIS2        (*voll?               *)
R    S01         (*Schritt 1 verlassen *)
S    S02         (*Schritt 2 aktivieren*)
(* SCHRITT 2 *)
LD   S02         (*Schritt 2 aktiv?    *)
ANDN LIS1        (*leer?               *)
R    S02         (*Schritt 2 verlassen *)
S    S03         (*Schritt 3 aktivieren*)
(* STOPP      *)
LD   S03         (*Stoppschritt?       *)
AND  Start       (*Starttaster?        *)
R    S03         (*Schritt 3 verlassen *)
```

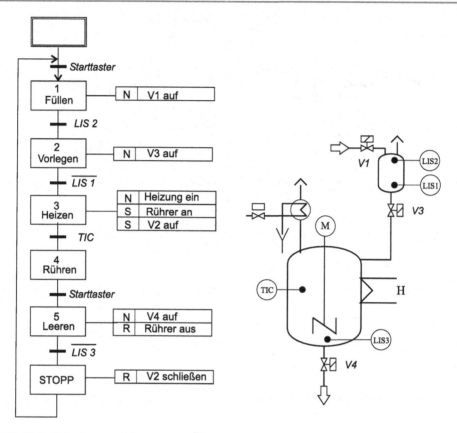

Abb. 12.6 Ablaufkette und Apparatur zu Übung 12.6

```
    S      S01        (*Schritt 1 aktivieren*)
(* AKTION    *)
    LD     S01        (*Schritt 1 aktiv?    *)
    ST     V1         (*V1 öffnen           *)
    LD     S02        (*Schritt 2 aktiv?    *)
    ST     V3         (*V3 öffnen           *)
end_program
```

Übung 12.5 (TANK122)

Verbessern Sie das Programm aus Lösung 12.4 so, dass trotz dauernd gedrückter Starttaste der Kessel nur einmal gefüllt und wieder entleert wird. Vor einem neuen Füllvorgang muss zuerst der Starttaster losgelassen werden!

Abb. 12.7 Zu Übung 12.7:
Veränderung des Ablaufs
durch Zeitglieder

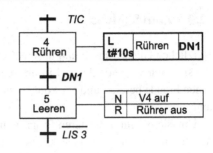

Übung 12.6 (MIXER121)

Die in Abb. 12.6 dargestellte Apparatur soll mit einer Ablaufsteuerung betrieben werden. Vergleichen Sie den Funktionsplan mit der verbalen Beschreibung. Realisieren Sie die Steuerung mit Hilfe von SPS!

Verbale Beschreibung:

1. In einem Messgefäß wird über das Ventil V1 Wasser vorgelegt, bis der Grenzsignalgeber LIS2 „Messgefäß voll" signalisiert.
2. Über Ventil V3 wird das vorgelegte Wasser in den Rührkolben abgelassen, bis LIS1 „Messgefäß leer" signalisiert.
3. Der Kolbeninhalt wird hochgeheizt, bis das Kontaktthermometer TIS „Solltemperatur erreicht" anzeigt. Beim Hochheizen muss der Rührer angeschaltet und das Kühlwasserventil V2 geöffnet werden.
4. Nach Erreichen der Solltemperatur wird der Kolbeninhalt weitergerührt.
5. Ist „lange genug" gerührt worden, soll durch erneutes Drücken des Starttasters der Rührer abgestellt und das Ventil V4 zum Entleeren des Kolbens geöffnet werden.
6. Nach Entleeren des Kolbens (LIS3 = 0) wird das Kühlwasser geschlossen und der gesamte Vorgang kann durch Betätigen der „Start"-Taste wiederholt werden.

12.8 Programmieren der Zeitglieder in einer Ablaufsteuerung

In der vorigen Steuerung soll im Schritt 4 die Nachrührzeit automatisch nach 10 Sekunden beendet werden, ohne dass ein erneuter Tastendruck erforderlich ist. In Abb. 12.7 ist die Veränderung des Ablaufdiagramms für die Schritte vier und fünf gezeichnet.

Übung 12.7 (MIXER122)

Ergänzen Sie die Steuerung durch das Zeitglied für den Übergang von Schritt 4 nach Schritt 5! Warum ist es sinnvoll, den Timer mit Einschaltverzögerung (TON) zu verwenden?

Beachten Sie die leichte Erweiterbarkeit der Ablaufsteuerung: Eine Aufgabenbeschreibung für einen erweiterten Prozess finden Sie in Übung 13.28.

12.9   Zum Schluss

Herzlichen Glückwunsch und unsere Anerkennung für Ihre Ausdauer und Ihre Leistung! Sie sind nun am Ende dieses Einführungslehrgangs angelangt. Wir hoffen, die Arbeit hat Ihnen Freude bereitet und Sie können die Anregungen für Ihre eigenen Aufgaben verwerten.

Um Sie bei Ihren weiteren Programmierübungen noch etwas unterstützen zu können, haben wir im nun folgenden Kapitel einige Wiederholungsaufgaben zusammengestellt. Im letzten Kapitel sind wesentliche Eigenschaften von „PLC-lite" zusammengestellt, so dass Sie mit Hilfe dieser Referenz weitere Fragen selbst klären können.

Wir wünschen Ihnen weiterhin recht viel Erfolg!

Wiederholungsaufgaben

13

Zusammenfassung

Dieses Kapitel enthält weitere Übungs- und Wiederholungsaufgaben, mit denen Sie Ihre erworbenen Kenntnisse festigen können.

13.1 Wiederholungsaufgaben zu Kapitel 2

Übung 13.1 (LOGIK27)

Geben Sie bei allen vier Schaltgliedern Abb. 13.1 die Funktionsgleichung an!

Ergänzen Sie die Funktionstabelle Abb. 13.2!

Zu welchem der oben gezeichneten Verknüpfungsglieder gehört die angegebene Funktionstabelle?

Übung 13.2 (LOGIK28)

Durch welches der Schaltglieder Abb. 13.4 kann die Kombination der beiden Verknüpfungsglieder Abb. 13.3 ersetzt werden?

Übung 13.3 (LOGIK29)

Eine Lampe L soll so gesteuert werden, dass sie immer dann aufleuchtet, wenn nur der Schalter S_1 oder nur der Schalter S_2 betätigt ist. Abb. 13.5 zeigt die zu realisierende Funktionstabelle.

Welches der Funktionsglieder Abb. 13.6, 13.7, 13.8 oder 13.9 erfüllt diese Bedingungen? Wie lauten jeweils die Funktionsgleichungen?

Übung 13.4 (LOGIK30)

Wie lautet die Funktionsgleichung für die Schaltung Abb. 13.10? Versuchen Sie die Funktionstabelle zu erstellen. Da wir hier 5 Variable haben, muss die Tabelle 32 Zeilen

© Springer-Verlag Berlin Heidelberg 2015
H.-J. Adam, M. Adam, *SPS-Programmierung in Anweisungsliste nach IEC 61131-3*,
DOI 10.1007/978-3-662-46716-9_13

Abb. 13.1 Schaltglieder zu
Übung 13.1

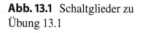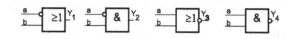

Abb. 13.2 Funktionstabelle zu
Übung 13.1

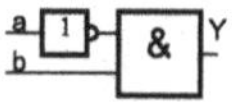

a	b	Y	Y_1	Y_2	Y_3	Y_4
0	0	1				
1	0	0				
0	1	0				
1	1	0				

Abb. 13.3 Schaltglied zu
Übung 13.2

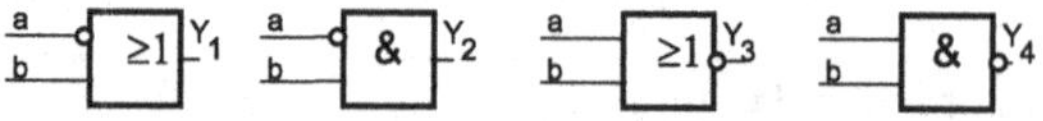

Abb. 13.4 Schaltglieder zu
Übung 13.2

Abb. 13.5 Funktionstabelle zu
Übung 13.3

S_1	S_2	L
0	0	
1	0	
0	1	
1	1	

Abb. 13.6 Funktion 1 zu
Übung 13.3

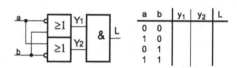

a	b	y_1	y_2	L
0	0			
1	0			
0	1			
1	1			

Abb. 13.7 Funktion 2 zu
Übung 13.3

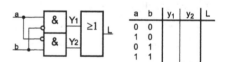

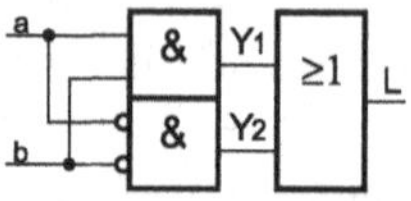

a	b	y_1	y_2	L
0	0			
1	0			
0	1			
1	1			

Abb. 13.8 Funktion 3 zu
Übung 13.3

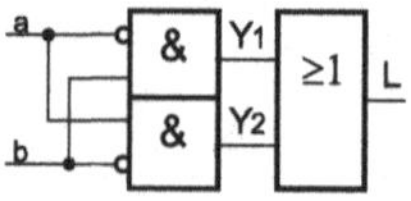

a	b	y_1	y_2	L
0	0			
1	0			
0	1			
1	1			

Abb. 13.9 Funktion 4 zu
Übung 13.3

a	b	y_1	y_2	L
0	0			
1	0			
0	1			
1	1			

Abb. 13.10 Schaltung zu
Übung 13.4

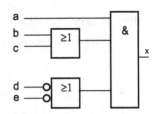

haben. Sie können aber die Anzahl der zu schreibenden Zeilen reduzieren, wenn Sie etwas „tricksen": für $a = 0$ ist nämlich immer $x = 0$!

Übung 13.5 (FLASH23)

Eine Lampe soll wahlweise auf Aus, Dauerlicht oder Blinklicht geschaltet werden können. Sehen Sie einen Schalter als Ein/Aus-Schalter vor und einen zweiten Schalter zum Umschalten zwischen Dauer- und Blinklicht. Für die Lösung dieser Aufgabe sollten Sie sich noch einmal mit den Kapiteln 2.7: UND-Verknüpfung als Datenschalter sowie 2.9: ODER-Verknüpfung als Datenschalter befassen.

13.2   Wiederholungsaufgaben zu Kapitel 5

Übung 13.6 (TEMP51)

Die Temperatur eines chemischen Prozesses wird mit einem Bimetallthermometer überwacht. Sinkt die Temperatur unter einen bestimmten Wert, so meldet dies der Signalgeber mit dem Signalwert ‚0' und eine Alarmhupe wird betätigt.

Übung 13.7 (LOGIK51)

Bei einer Spritzgußmaschine fährt der Stempel nur dann ab, wenn der Formdruck aufgebaut, das Schutzgitter unten und die Preßtemperatur erreicht ist. Das logische Verhalten der einzelnen Sensoren:

```
Form geschlossen:        log. 1 (Näherungsschalter)
Formdruck erreicht:      log. 0 (Dehnungsmeßstreifen)
Schutzgitter unten:      log. 1 (Endschalter)
Preßtemperatur erreicht:log. 0 (Thermoelement)
Stempel fährt aus:       log. 1 (Ventil)
```

Übung 13.8 (LOGIK52)

Die Wasserzufuhr zu einer Turbine wird gesperrt, wenn eine bestimmte Drehzahl überschritten oder die Lagertemperatur zu hoch oder der Kühlkreislauf nicht mehr in Betrieb ist. Alle Sensoren geben log. 1, wenn die Betriebsbedingung nicht mehr erfüllt ist.

Übung 13.9 (BOILER53b)

Die Übung 5.8 kann noch weiter ausgebaut werden:

a) Der Rührer soll laufen, wenn der Schalter Sw1 die Anlage mit der Heizung eingeschaltet hat und die Temperatur von 50 °C noch nicht erreicht ist. Bei Erreichen von
   50 °C soll die Heizung ausschalten.

b) Der Rührer soll laufen, wenn mit dem Schalter Sw1 die Anlage eingeschaltet ist
   und die Temperatur 40 °C überschritten ist. Auch bei Erreichen von 50 °C soll der
   Rührer weiterlaufen.

Übung 13.10 (BOILER55)

In einem Reaktionsgefäß muss ein Sicherheitsventil geöffnet werden, wenn der Druck
zu groß oder die Temperatur zu hoch oder das Einlassventil geöffnet oder eine bestimmte Konzentration der chemischen Reaktion erreicht ist.

```
Druck zu groß:          log. 0
Temperatur zu groß:     log. 0
Ventil offen:           log. 1
Konzentration erreicht: log. 1
```

13.3   Wiederholungsaufgaben zu Kapitel 6

Übung 13.11 (TANK66)

Erweiterung der Übung 6.15:
   Der Zyklus „Füllen, Entleeren" soll nach Druck auf einen Starttaster so lange wiederholt erfolgen, bis ein zweiter Taster „Halt" den Prozess nach Ende des Zyklus
wieder stoppt, also dann, wenn der Behälter leergelaufen ist!

Übung 13.12 (COOLER61)

Ein Aggregat wird von zwei Ventilatoren gekühlt. Die Funktionsüberwachung erfolgt
durch je einen Luftströmungswächter. Fallen beide Ventilatoren aus, solange das Aggregat eingeschaltet ist, soll eine akustische Meldung ausgegeben werden.
   Diese Meldung soll so lange ausgegeben werden, bis eine Quittierung der Störmel-
dung über eine Quittierungstaste erfolgt.
   Die Quittierung soll jedoch nur wirksam werden, wenn mindestens einer der beiden
Ventilatoren wieder in Betrieb oder das Aggregat nicht mehr eingeschaltet ist.
   Ermitteln Sie die Zuordnungstabellen, die Ansteuerung für die Meldungseinrich-
tung und realisieren Sie die Steuerung mit SPS.

Übung 13.13 (SORTER61)

Auf einem Transportband werden lange und kurze Werkstücke in beliebiger Reihenfolge antransportiert. Die Bandweiche soll so gesteuert werden, dass die ankommenden Teile nach ihrer Länge selektiert und getrennten Abgabestationen zugeführt werden. Die Länge der Teile wird über eine Abtastvorrichtung ermittelt (Rollenhebelventile). Durchläuft ein langes Teil die Abtastvorrichtung, sind kurzzeitig alle drei Rollenhebelventile betätigt. Bei einem kurzen Teil dagegen wird nur das mittlere Ventil betätigt.

Erstellen Sie Zuordnungstabellen, den Funktionsplan, die Anweisungsliste und realisieren und testen Sie die Schaltung mit SPS.

13.4   Wiederholungsaufgaben zu Kapitel 7

Übung 13.14 (FLASH74)

Programmieren Sie einen Generator, der am Ausgang %q0.0 eine Impulsfolge abgibt, die eine Gesamtdauer $T_1 + T_2 = 5$ sec und einem Tastverhältnis $k = 3/5$ abgibt.

Wie groß ist die Frequenz des Generators?

Der Generator soll durch Taster mit dem Eingang %i0.7 ein- und mit dem Eingang %i0.6 ausgeschaltet werden können.

Ändern Sie das Tastverhältnis auf $k = 0{,}25$ bei gleicher Frequenz!

13.5   Wiederholungsaufgaben zu Kapitel 8

Übung 13.15 (COUNT85)

In einer Diskettenfabrik sollen in einem Karton je 10 Disketten verpackt werden. Nach dem Füllen eines Kartons muss er durch einen leeren ersetzt werden, der dann wieder gefüllt wird. Entwerfen Sie eine Steuerung! Erstellen Sie die Zuweisungsliste und den Logikplan, programmieren und testen Sie Ihre Lösung.

Übung 13.16 (COUNT85b)

Verändern Sie das Programm aus der Übung 13.15 so, dass Sie an der Digitaleingabeeinheit die Anzahl der Disketten einstellen können.

Übung 13.17 (MIXER82)

Das Programm der Übung 8.9 soll zur Steuerung der kompletten in der Abb. 13.11 dargestellten Apparatur bestehend aus Meß- und Reaktionsgefäß erweitert werden.

- Nach zweimaligem Füllen des Messgefäßes sollen der Rührer und die Heizung eingeschaltet werden.
- Der Rührer soll fünf Sekunden lang laufen.
- Die Heizung wird abgeschaltet, sobald TIC den Sollwert meldet. In diesem Moment wird auch der Stoff über V4 abgelassen.

Abb. 13.11 Prozessmodell

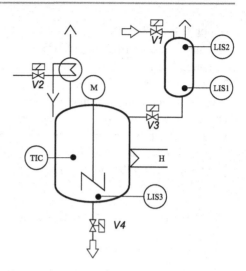

- Erst nach Ablassen der gesamten Flüssigkeit über V4 darf der Vorgang wieder gestartet werden.

Realisieren Sie die Steuerung mit Hilfe von SPS und testen Sie die Schaltung!

13.6 Wiederholungsaufgaben zu Kapitel 9

Übung 13.18 (FFFB94)

Verwenden Sie nun die Funktionsbausteine `FFSR` und `FFRS` (`FB_FFSR.IL` und `FB_FFRS.IL`) aus den beiden Übungen 9.6 und 9.7 in einem Projekt gemeinsam. Beide Flip-Flops sollen mit denselben Eingängen (`%IX0.0` und `%IX0.1`) rückgesetzt und gesetzt werden. Die Ausgänge geben Sie an die Lampen an `QX0.0` und `QX0.1`. Testen Sie die Arbeitsweisen der beiden Flip-Flop-Typen im Vergleich.

Übung 13.19 (GEN92)

Ein weiteres Beispiel ergibt sich aus der Übung 8.12. Dort sollten zwei Generatoren verwendet werden. Vereinfachen Sie das Projekt durch Anwendung eines Funktionsbausteins für die Impulse. Nennen Sie diesen Baustein ‚`FB_PULS.IL`‘.

13.7 Wiederholungsaufgaben zu Kapitel 10

Übung 13.20 (TANK101)

Erinnern Sie sich an die Aufgaben mit der Mengenmessung aus dem Abschn.8.9? Der CV-Ausgang des Zählers gibt ständig den Füllstand aus. Durch Vergleich des CV-

Ausgangs mit einem Sollwert kann in das Gefäß eine ganz bestimmte Menge eingefüllt werden.

Ergänzen Sie die Übung 8.15 mit einer Eingabemöglichkeit für den Sollwert. Sobald der Istwert den Sollwert erreicht hat, soll die Befüllung stoppen.

Übung 13.21 (7SEG103)

In der Übung 10.8 wurden die anzuzeigenden Ziffern mittels der Eingabeschalter an %ib1 eingestellt. Sehen Sie nun einen Zähler vor, dessen Zählerstand auf der 7-Segmentanzeige dargestellt wird.

Übung 13.22 (FLASH105)

Lassen Sie ein Lauflicht über *zwei* Bytes hinweg hin- und herlaufen! Laden Sie dazu den Standard-I/O-Prozess zweimal und stellen Sie bei jedem die korrekte Byte-Nummer ein.

Übung 13.23 (DICE102)

Mit zwei Würfeln spielen: Erstellen Sie ein Programm, bei welchem zwei Zufallsgeneratoren gestartet und die Zahlen auf den Ausgängen %qb0 und %qb1 ausgegeben werden.

Übung 13.24 (DICE103)

Die beiden Zufallszahlen aus der obigen Übung 13.23 werden in zwei verschiedenen Bytes angezeigt. Bei beiden Bytes wird jedoch nur jeweils ein Digit, also ein halbes Byte, nämlich die „untere" Hälfte verwendet. Nun sollen beide Halb-Bytes in einem einzigen Byte angezeigt werden.

Wie können wir die beiden Zufallszahlen so kombinieren, dass beide Zahlen nebeneinander in einem einzigen Byte dargestellt werden? Genau, zuerst muss die zweite Zahl um vier Stellen nach links verschoben werden und dann müssen die Werte „übereinandergelegt" werden.

Wie beim Lauflicht bereits anwendet, geht das Verschieben um eine Stelle nach links durch multiplizieren mit zwei. Mit welcher Zahl aber muss für eine Verschiebung um vier Stellen multipliziert werden? Beim Lauflicht wurde für eine Verschiebung um eine Stelle mit 2 multipliziert. Für vier Stellen müssen wir demnach vier mal nacheinander mit zwei multiplizieren, also mit $2 * 2 * 2 * 2 = 2^4 = 16$ multiplizieren. (Nicht mit $2 * 4 = 8$)

Um abschließend die beiden Werte zu verbinden brauchen wir sie nur mit ODER zu verknüpfen. Um diesen letzten Schritt zu verstehen, sollten Sie sich noch einmal mit dem „Datenschalter mit dem ODER-Glied" aus dem Abschn. 2.9 beschäftigen. Bei der SPS wirkt der OR-Operator auf das gesamte Byte und verknüpft jeweils die Bits auf den gleichen Positionen miteinander einzeln.

```
ld   Dice0.Value
mul  16
or   Dice1.Value
st   OutByte1
```

13.8   Wiederholungsaufgaben zu Kapitel 11

Übung 13.25 (7SEG112)

Verändern Sie die Übung 11.2 so, dass nun die oberen vier Eingangsbits ausgewertet und in der 7-Segment-Anzeige an %qb1 erscheinen.

Bei der Übung 11.2 werden lediglich die unteren vier Bit des Eingangsbytes ausgewertet. Wir können auch die oberen vier Bit verwenden. Am einfachsten geschieht das durch Verschieben aller Bits um vier Positionen nach rechts. Ja genau, ähnlich wie beim Lauflicht und beim Würfel (Übung 13.24), allerdings die andere Richtung: je Bit Verschiebung nach rechts muss durch zwei dividiert werden, also durch $2 * 2 * 2 = 2^4 = 16$.

```
ld   InByte
div  16
ByteTo7Seg
st   OutByte1
```

Übung 13.26 (7SEG113)

Kombinieren Sie die beiden Siebensegmentanzeigen für den Low- und High-Teil des Eingangsbytes an %ib1, so dass das Byte zweistellig angezeigt wird.

Jetzt wollen wir noch die beiden Aufgaben kombinieren, und das Eingangsbyte von %ib1 zweistellig in jeweils einer Siebensegmentziffer anzeigen. Damit sich die beiden Teile: die vier Low-Bits und die vier High Bits nicht stören, muss das jeweils andere Halbbyte „ausgeblendet", d. h. die entsprechenden Stellen mit ‚0' ersetzt werden. Hierzu können Sie den „Datenschalter mit dem UND-Glied" aus dem Abschn. 2.7 verwenden.

Die SPS wendet die UND-Verknüpfung auf jedes Bit eines Byte einzeln an. Der „vierbittige" Datenschalter kann daher so realisiert werden wie es im folgenden Programmausschnitt gezeigt wird.

```
ld   InByte
and  2#00001111
ByteTo7Seg
st   OutByte0
```

Übung 13.27 (DICE112)

Erstellen Sie ein Programm für zwei Würfel, die jeweils die Funktion `ByteToDice` zur Anzeige der Würfelergebnisse im Prozess „Dice" nutzen. Vergleichen Sie hierbei auch mit den Übungen 13.23 und 13.24.

13.9 Wiederholungsaufgaben zu Kapitel 12

Übung 13.28 (MIXER123)

Erweiterung der Ablaufsteuerung Übung 12.7:

Der Prozess der Übung 12.7 soll erweitert werden. Bei der folgenden Aufgabe müssen lediglich die Weiterschaltbedingungen für Schritt 3 und 5 so verändert werden, dass sie erst mit Ausführung bzw. Ablauf des jeweils vorhergehenden Befehls 1 erfolgen. Diese Verzögerungszeiten wiederum starten in Abhängigkeit von `LIS1` bzw. `LIS3`. Die notwendigen Änderungen sind im folgenden Text und im Ablaufdiagramm Abb. 13.12 **fett** markiert.

1. In einem Messgefäß wird über das Ventil `V1` Wasser vorgelegt, bis der Grenzsignalgeber `LIS2` „Messgefäß voll" signalisiert.
2. Über Ventil `V3` wird das vorgelegte Wasser in den Rührkolben abgelassen.
   b. Signalisiert LIS1 „Messgefäß leer", soll das Ventil V3 noch 2 Sekunden geöffnet bleiben, damit das Messgefäß leerlaufen kann.
3. Der Kolbeninhalt wird hochgeheizt, bis das Kontaktthermometer `TIC` „Solltemperatur erreicht" anzeigt. Beim Hochheizen muss der Rührer angeschaltet und das Kühlwasserventil `V2` geöffnet werden.
4. Nach Erreichen der Solltemperatur wird der Kolbeninhalt zehn Sekunden lang nachgerührt.
5. Ist die Nachrührzeit beendet, wird der Rührer abgestellt und das Ventil `V4` zum Entleeren des Kolbens geöffnet.

Abb. 13.12 Erweiterung einer vorhandenen Ablaufsteuerung. Siehe Übung 13.28

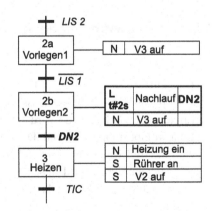

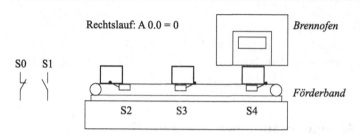

Abb. 13.13 Technologieschema zu Übung 13.30

b. Nach Entleeren des Kolbens (LIS3 = 0) soll das Ventil V4 noch 2 Sekunden lang geöffnet bleiben, damit der Kolben leerlaufen kann.

6. Dann wird das Kühlwasser geschlossen und der gesamte Vorgang kann durch Betätigen der „Start"-Taste wiederholt werden.

- *Der Übergang von Schritt 2 nach Schritt 3 (bzw. von Schritt 5 nach Schritt 6) erfolgt erst, wenn das Signal LIS1 (bzw. LIS3) weggegangen UND die Zeit von 2 Sekunden abgelaufen ist.*

Führen Sie die Programmerweiterung für die Schritte 2b und 5b durch! Beachten Sie dabei, dass nun die Ventile V2 und V4 während mehrerer Schritte geöffnet sein müssen.

Übung 13.29 (MIXER124)

Programmieren Sie zum Abschluss eine Ablauf-Steuerung für den großen Chemie-Prozess. Lassen Sie die drei Messgefäße nacheinander füllen und entleeren. Danach soll die Mixtur gerührt und geheizt sowie das Abgas gekühlt werden. Nach Erreichen der Solltemperatur wird der Stoff abgelassen und der Prozess kann durch Drücken der Starttaste neu anlaufen. Vergessen Sie nicht die Nachlaufzeiten!

13.10 Vermischte Aufgaben

Übung 13.30 (EX01)

Brennofensteuerung (Abb. 13.13):

Impulsgabe mit dem Betriebsschalter S1 startet das Förderband im Rechtslauf. Bei Erreichen des Schalters S3 wird die Heizung eingeschaltet. Sobald der Endschalter S4 Kontakt gibt stoppt das Band. Die Verweilzeit im Ofen beträgt 10 Sekunden. Danach wird das Teil wieder bis Erreichen des Endschalters S2 zurückgefahren. Die Anlage soll jederzeit durch den Haltschalter gestoppt werden. In diesem Fall soll sofort die Heizung ausgeschaltet und das Teil in die Ausgangsstellung zurückgefahren werden.

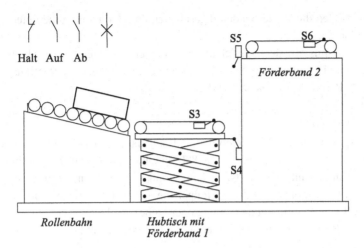

Abb. 13.14 Technologieschema zu Übung 13.31 (EX02) und zu Übung 13.32

Übung 13.31 (EX02)

Palettenhubtisch 1 (Abb. 13.14)

Mit dem Hubtisch sollen Paletten auf eine höhergelegene Ladebühne umgesetzt werden.

1. Wird der Tastschalter S1 betätigt, so wird das Förderband 1 des Hubtisches eingeschaltet. Die Palette rollt über die geneigte Rollenbahn auf das laufende Förderband 1. Durch Betätigung des Grenztasters S3 wird das Förderband 1 abgeschaltet und der Motor für die Aufwärtsbewegung des Hubtisches eingeschaltet. Betätigt der Tisch den Grenztaster S5, so wird der Motor abgeschaltet und die beiden Förderbänder 1 und 2 müssen laufen bis der Grenztaster S6 von der Palette betätigt wird. Nun läuft der Hubtisch wieder nach unten bis S4 das Erreichen der unteren Grenzstellung meldet.
2. Die Anlage muss mit dem Tastschalter S0 jederzeit abgeschaltet werden können. Nach Betätigung von S1 soll der begonnene Ablauf der Anlage fortgesetzt werden.
3. Solange die Anlage nicht die Ausgangsstellung einnimmt (Hubtisch unten, Förderband ausgeschaltet) soll die Signallampe H1 leuchten.

Übung 13.32 (EX03)

Palettenhubtisch 2 (Abb. 13.14)

Zusätzlich zur vorigen Aufgabe 13.31 sollen nun leere Paletten zurücktransportiert werden. Befindet sich eine leere Palette auf dem Förderband 2 (Grenztaster S 6 betätigt) und wird der Tastschalter S2 gedrückt, so wird die Aufwärtsbewegung des Hubtisches eingeschaltet. In der oberen Endstellung (S5) werden beide Förderbänder im Linkslauf eingeschaltet. Wird der Grenztaster S 3 von der Palette betätigt und dann wieder freige geben, so werden die Förderbänder abgeschaltet, und der Tisch in die untere Stellung abwärtsgefahren.

Die Anlage muss mit dem Tastschalter S0 jederzeit stillgesetzt werden können. Nach anschließender Betätigung des Tastschalters S1 oder S2 soll der Palettentransport in die gewünschte Richtung fortgesetzt werden.

Übung 13.33 (EX04)

Eine Transportstrecke, z. B. ein Förderband soll daraufhin überwacht werden, dass nicht mehr als 12 und nicht weniger als 8 Teile innerhalb des Steckenabschnittes zwischen der Lichtschranke LS1 und der Lichtschranke LS2 vorhanden sind. Sind 12 Teile innerhalb dieses Bereiches, soll der Stopper die Teilezufuhr stoppen. Bei weniger als 8 Teilen soll eine Warnmeldung (Lampe oder Hupe) erfolgen. Nach dem Ausschaltsignal soll das Band noch einige Zeit leerlaufen, bevor es abstellt.

Hinweis:

Jedes zufließende Teil, das die Lichtschranke LS1 passiert, soll den Zählerstand um 1 erhöhen, und jedes abfließende Teil, das die Lichtschranke LS2 passiert, 1 verringern.

Lösen Sie diese Aufgabe mit SPS! Erstellen Sie dazu die Zuordungslisten, den Funktionsplan, die Anweisungsliste und testen Sie Ihr Programm.

Übung 13.34 (EX05)

In einer Diskettenfabrik sollen in einem Karton je 10 Disketten verpackt werden. Entwerfen Sie eine Steuerung! Erstellen Sie die Zuweisungsliste, den Logikplan, programmieren und testen Sie Ihre Lösung.

Übung 13.35 (EX06)

In einem Verkaufsgeschäft soll eine Kontrolleuchte im Büro aufleuchten wenn sich ein oder mehrere Kunden im Laden befinden. Entwerfen Sie eine Lösung mit SPS.

Übung 13.36 (EX07)

Programmieren Sie einen Generator, der am Ausgang A0.1 eine Impulsfolge abgibt, die eine Gesamtdauer $T_1 + T_2 = 5\,s$ und einem Tastverhältnis $k = 3/5$ abgibt. Wie groß ist die Frequenz des Generators?

Übung 13.37 (EX08)

Eine eingleisige Bahnlinie ist in vier Streckenabschnitte eingeteilt. Um das gleichzeitige Benutzen von Steckenabschnitten durch mehrere Züge zu verhindern, ist zu Beginn eines jeden Abschnittes jeweils ein Signal aufgestellt. In einem Stellwerk muss eine Alarmeinrichtung ausgelöst werden, wenn Signal 1 und 2 freie Fahrt oder 2 und 3 freie Fahrt oder 3 und 4 freie Fahrt anzeigen.

Ermitteln Sie für diese Steuerung die vollständige Funktionstabelle.

Abb. 13.15 Zu Übung 13.42

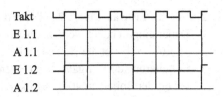

Übung 13.38 (EX09)

Eine Luftschleuse hat drei Türen. Es müssen stets zwei unmittelbar folgende Türen geschlossen sein. Die einzelnen Türen werden über Türöffner geöffnet. Endschalter melden, ob die Türen geschlossen sind. Stellen Sie die Funktionstabelle auf und realisieren Sie die Steuerung mit SPS.

Übung 13.39 (EX10a)

In einem großen Einfamlienhaus mit dezentraler Warmwasserversorgung sind fünf Durchlauferhitzer installiert. Wegen des hohen Anschlusswertes der Durchlauferhitzer dürfen nur höchstens zwei gleichzeitig in Betrieb sein. Mit Lastabwurfrelais wird der Betriebszustand der Durchlauferhitzer angezeigt.

Entwerfen Sie eine Verriegelungsschaltung 2 aus 5, indem Sie eine Zuordnungstabelle und eine Funktionstabelle aufstellen.Ermitteln Sie dann aus der Funktionstabelle die Disjunktive Normform. Realisieren Sie die Schaltung mit SPS!

Übung 13.40 (EX10b)

Wie Übung 13.39, jedoch haben vier Erhitzer eine Anschlsleistung von je 1 kW, und der fünfte eine Leistung von 2 kW. Realisieren Sie eine Schaltung, die bei Überschreiten der Leistung von 2 kW einen Alarm abgibt!

Übung 13.41 (EX11)

Die Mitschreibbeleuchtung in einem Demonstrationsraum darf nur leuchten, wenn das Hauptlicht ausgeschaltet und der Ein-Schalter betätigt ist.

Übung 13.42 (EX12)

1. Realisieren Sie einen Blinker auf dem Ausgang A 1.1, der mit einem 0-Signal am Eingang E 1.1. gestoppt wird (Abb. 13.15).
2. Realisieren Sie einen Blinker auf dem Ausgang A 1.2, der mit einem 1-Signal am Eingang E 1.2. gestoppt wird.

Übung 13.43 (EX13)

1. Schreiben Sie ein SPS-Programm, welches die Tasten an `%ix0.7`, `%ix0.6` und `%ix0.0` abfragt. Die Taste an `%ix0.0` füllt solange sie gedrückt ist den Boiler, mit der Taste an `%ix0.6` wird der Boiler geleert. Mit der Taste an `%ix0.7` wird geheizt.

2. Mit der Taste an %ix0.7 soll nun durch kurzzeitigen Tastendruck die Heizung auf Dauer eingeschaltet werden, aber nur, wenn der Boiler nicht leer ist! Die Taste an %ix0.6 schaltet die Heizung ab.

3. Erweiterung der Aufgabe: nach Erreichen von $T = 50\,°C$ soll die Heizung abschalten bis der Boiler auf $40\,°C$ abgekühlt ist. Jetzt muss die Heizung wieder einschalten usw. bis der Prozess mittels der Taste an %ix0.6 ganz beendet wird.

Übung 13.44 (EX14)

1. Schreiben Sie ein SPS-Programm, welches den Taster an %ix0.7 abfragt. Solange die Taste gedrückt ist, soll die Kontrolllampe an %qx0.0 leuchten, die Heizung im Prozess Boiler heizen und über das Füllventil der Boiler gefüllt werden.

2. Jetzt soll jeder Tastendruck gezählt werden. Die Ausgabe der Zahl soll auf dem Byte %qb3 erfolgen.

3. Ein zweiter Zähler soll nun angeben, wie oft die Temperatur von $40\,°C$ erreicht oder überschritten wurde. Diese Zahl ist auf einem Byte an %qb2 auszugeben.

4. Wenn die Temperatur drei mal erreicht wurde, ist das Auslassventil speichernd zu öffnen.

Übung 13.45 (EX15)

1. Schreiben Sie ein SPS-Programm, welches den Taster an %ix0.7 abfragt. Solange die Taste gedrückt ist, soll die Kontrolllampe an %qx0.0 leuchten und über das Füllventil der Boiler gefüllt werden.

2. Jetzt soll auf einen Tastendruck hin der Heizvorgang gestartet werden. Sobald $50\,°C$ erreicht sind, stoppt das Heizen.

3. Ein Zähler soll nun angeben, wie oft die Temperatur von $50\,°C$ erreicht wurde. Diese Zahl ist auf einem Byte an %qb3 auszugeben.

4. Wenn die Temperatur drei mal erreicht wurde, ist das Auslassventil speichernd zu öffnen, sobald die Temperatur auf $40\,°C$ abgekühlt ist.

Übung 13.46 (EX16)

Bei einer Produktionsstraße Abb. 13.16 müssen die gefertigten Teile zur Weiterbearbeitung auf drei verschiedene Arbeitsstationen aufgeteilt werden.

Im Fließband ist eine Lichtschranke eingebaut, welche 0-Signal gibt, wenn ein Teil durchläuft. Durch dieses Signal erhält der Magnetsteller einen Impuls von einer halben Sekunde Dauer wodurch die Weiche eine Stufe weiter schaltet und damit den Weg in die entsprechende Station freigibt. Nach der dritten Station soll wieder mit der ersten begonnen werden. Das wird erreicht durch einen drei Sekunden langen Impuls auf den Magnetsteller.

Abb. 13.16 Zu Übung 13.46

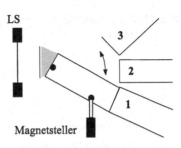

Übung 13.47 (EX17)

1. Ein Messgefäß soll gefüllt werden. Ein (kurzer) Druck auf den Start-Taster startet den Füllvorgang. Das Füllventil soll drei Sekunden offen bleiben. Der Grenzwertgeber soll noch nicht berücksichtigt werden.

2. Ein (kurzer) Druck auf den Stopp-Taster schließt das Ventil auch schon vor Ablauf der Zeit aus Aufgabe 1. Ebenso schließt das Erreichen von LIS2 das Füllventil; d. h., nach dem Druck auf den Starttaster soll nun das Füllventil nach drei Sekunden oder durch Druck auf den Stopp-Taster oder durch Erreichen von LIS2 geschlossen werden.

3. Sobald der obere Grenzwert LIS2 erreicht ist, soll sich das Entleerungsventil automatisch öffnen, bis LIS1 die Entleerung meldet. Dann schließt das Entleerungsventil wieder. In dieser Zeit soll auch kein Füllen möglich sein.

4. Nachdem LIS1 die Entleerung gemeldet hat, soll das Ventil nicht sofort, sondern erst nach 3 Sekunden geschlossen werden, damit der Kessel vollständig leerlaufen kann.

5. Die Anzahl der Füllungen soll mit LEDs dual angezeigt werden.

Übung 13.48 (EX18)

Sortieranlage 1 (Abb. 13.17)

Holzbalken werden über eine Rollenanlage transportiert und sollen dabei gezählt werden. Die Balken sind unterschiedlich lang. Es sollen daher kurze und lange Balken getrennt erfasst werden. Ein Geber0 gibt bei Durchlauf eines Balkens einen Impuls ab. Wenn es sich um einen kurzen Balken handelt, gibt nur der Geber1 zusätzlich ‚1'-Signal; bei einem langen Balken wird sowohl von Geber1 als auch von Geber2 ‚1'-Signal abgegeben.

1. Schreiben Sie ein SPS-Programm, welches in einer einstelligen 7-Segment-Anzeige die Anzahl der Balken anzeigt. Simulieren Sie die Geber mit dem Standard-IO-Prozess. Die Anzeige braucht zunächst nicht über ‚9' hinauszugehen, es werden also zunächst nur max. neun Stück erfasst.

2. Nun soll zwischen den kurzen und langen Balken unterschieden werden. Mit zwei getrennten Zählern sollen an zwei Anzeigen die jeweiligen Zahlen dargestellt werden. (Wieder nur bis max. 9 Stück)

Abb. 13.17 Zu Übung 13.48
und zu Übung 13.49

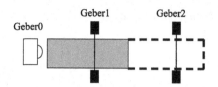

3. Falls beim Impuls von Geber0 kein weiterer Geber oder nur Geber2 Signal geben, ist irgendeine Störung aufgetreten. Dieser Störfall soll durch eine Lampe signalisiert werden bis ein Quittierungstaster gedrückt wurde. Während der Störungsanzeige dürfen keine Zählimpulse an die Zähler gelangen.
4. Bei einer HEX-Anzeige werden die Zahlen ab 10_{Dez} als ,A',,B'... dargestellt. Erstellen Sie mit zwei Zählerbausteinen und zwei 7-Segmentanzeigen eine Dezimalanzeige, die zweistellig von ,00'...,09',,10',...,99' anzeigt.

Übung 13.49 (EX19)

Sortieranlage 2 (Abb. 13.17)

Holzbalken werden über eine Rollenanlage transportiert und sollen dabei gezählt werden. Die Balken sind unterschiedlich lang. Es sollen daher kurze und lange Balken getrennt erfasst werden. Ein Geber0 gibt bei Durchlauf eines Balkens einen Impuls ab. Wenn es sich um einen kurzen Balken handelt, gibt nur der Geber1 zusätzlich ,1'-Signal; bei einem langen Balken wird sowohl von Geber1 als auch von Geber2 ,1'-Signal abgegeben.

1. Schreiben Sie ein SPS-Programm, welches in einer einstelligen 7-Segment-Anzeige die gesamte Anzahl der Balken (ohne Unterscheidung zwischen langen und kurzen) anzeigt. Simulieren Sie die Geber mit dem Standard-IO-Prozess. Die Anzeige braucht nicht dezimal zu sein; in diesem Fall können Sie zur Anzeige einfach die Anzeige HEX-Output verwenden.
2. Nun soll zwischen den kurzen und langen Balken unterschieden werden. Mit zwei getrennten Zählern sollen an zwei Anzeigen die jeweiligen Zahlen dargestellt werden.
3. Falls beim Impuls von Geber0 kein weiterer Geber oder nur Geber2 Signal gibt, ist irgendeine Störung aufgetreten. Dieser Störfall soll durch eine Lampe signalisiert werden bis ein Quittierungstaster gedrückt wurde.
4. Während der Störungsanzeige und während dreier Sekunden nach der Quittierung dürfen keine Zählimpulse an die Zähler gelangen.

Übung 13.50 (EX20)

Bei einer Ampelsteuerung soll die Ampel für die Nebenstraße erst dann auf „grün" schalten, wenn vier Autos warten. Auch wenn weniger Verkehr ist, soll kein Auto länger als 10 Sekunden warten. Die Nebenampel soll für 10 Sekunden grün zeigen und danach wieder auf rot schalten.

Beispiel: Steuerung einer Bergbahn

14

Zusammenfassung

Im Kap. 14 haben wir als Übungs- und Wiederholungsaufgabe das Beispiel 4.2.5 (Seite 116) und 4.4.5 (Seite 163) aus dem Buch von John und Tiegelkamp (Buch[1]: John, Karl-Heinz, Tiegelkamp, Michael.: SPS-Programmierung mit IEC 61131-3 – Konzepte und Programmiersprachen, Anforderungen an Programmiersysteme, Entscheidungshilfen, Springer, Heidelberg (2009)) für die Programmierung einer Steuerung einer Bergbahn für „PLC-lite" bearbeitet und ausführlich kommentiert. Über das gegebene Beispiel hinaus wurde die Funktionalität erweitert, z. B. durch eine Bedarfshalt-Anforderung. Mit „PLC-lite" kann diese Übung auf dem PC durchgeführt werden. Bei der Simulation mit dem Programm „PLC-lite" bewegt sich die Gondel in der Landschaft. Mittels Bedienpanels kann auf dem Bildschirm die Bewegung der Bahn gesteuert werden. Sie können so gefahrlos alle Situationen der Steuerung erproben. Bei Auftreten einer Falschfahrt wird der Fehler deutlich angezeigt.

14.1 Steuerung einer Bergbahn

In Abb. 14.1[1] ist das Topographiebild der Ifinger-Bergbahn „Meran 2000" dargestellt. Die 3800 Meter lange bei Meran gelegene Seilbahn kann über 800 Personen pro Stunde von der Talstation auf die 1240 Meter höher gelegene Bergstation am Fuße des Ifinger transportieren. Bei dieser Bahn fahren zwei Gondeln, wobei nur eine der beiden an der Mittelstation bei Gsteier auf Anforderung hält. Betrachtet man nur diese eine Gondel, dann entspricht das genau dem Beispiel aus dem Buch [1], welches folgende Funktionalität leistet:

---

[1] Foto mit Genehmigung von Geo Marketing GmbH/srl, 39100 Bozen Bolzano, Italy

© Springer-Verlag Berlin Heidelberg 2015
H.-J. Adam, M. Adam, *SPS-Programmierung in Anweisungsliste nach IEC 61131-3*,
DOI 10.1007/978-3-662-46716-9_14

Abb. 14.1 Ifinger-Bergbahn

Aufgabenstellung

Die Steuerung hat folgende Anforderungen zu berücksichtigen:

- Die Sensoren S1, S2, S3 melden TRUE (1), wenn sich die Gondel in einer der Stationen befindet.
  In dem Zähler StationStopp ist die Gesamtsumme aller Stations-Einfahrten zu registrieren.
- Der Motor zur Gondelbewegung kennt die Eingangsgrößen:
  Richtung: Vorwärts (TRUE)/Rückwärts (FALSE) (gepuffert deklariert)
  StartStop: Start (TRUE), Stop (FALSE)

- In der Gondel befindet sich ein Schalter TuerAuf. Schalter auf 1 bedeutet: „Tür öffnen", FALSE bedeutet: „Tür schließen".

- Der Motor zur Türsteuerung besitzt zwei Aktoren TuerOeffnen und TuerSchliessen (aktiv: bei Flanke von FALSE nach TRUE), die ihn jeweils zum Öffnen und Schließen der Tür veranlassen.

- Eine Taste BahnAn setzt die Bahn in Betrieb;
  mit dem Taster BahnAus kann das Betriebsende veranlasst werden.

- Ein Warnsignal ist in der Zeit zwischen Abschalten der Bahn und dem Neustart anzusteuern.

Das SPS-Projekt besteht aus einem Hauptprogramm und einem Funktionsbaustein. Im Hauptprogramm werden vor allem die Eingangsgrößen (Sensoren, Schalter) abgefragt und die Ausgangsgrößen (Aktoren, Anzeigen) gesteuert. Die Funktionalität wird hauptsächlich im Funktionsbaustein realisiert.

In der Übung 14.1 können Sie mit einer Seilbahnsteuerung experimentieren. Beachten Sie zunächst die Programmcodes nicht, sondern „spielen" Sie! Wir werden den Code gleich ausführlich erläutern.

Übung 14.1 (BB01a)

Starten Sie mit PLC-lite das Projekt BB01a.plp und die Visualisierung des Prozesses „Bergbahn". Sie können zusätzlich noch den Prozess „Standard-I/O 16bit" anzeigen, damit Sie die Signale des Prozesses besser beobachten können.

Starten Sie mit „Run" das Programm.

Nach Drücken des grünen Start-Tasters auf dem *„Hauptpanel"* links oben (das sich in der Bergbahnwarte befindet) schließt sich nach einigen Sekunden die Kabinentür und die Gondel fährt los. Sie hält an der Mittelstation, fährt nach kurzem Aufenthalt weiter, kehrt nach dem Halt an der Bergstation die Fahrtrichtung um und fährt wieder ins Tal zurück.

Bei der Simulation mit PLC-lite fährt das kleine *„Kabinenpanel"* mit dem grünen Türtaster und dem roten Halttaster mit der Kabine mit. Aus Platzgründen ist es nicht im Innern sondern außen neben der Kabine angebracht. Zudem ist eine „Kopie" dieses Panels links oben vorhanden, weil es sonst schwierig ist während der Fahrt mit der Maus die Taster zu klicken. Mit dem Taster „Türauf" kann man die sich schließende Tür noch einmal öffnen, um so z. B. spät kommenden Fahrgästen den Einstieg zu ermöglichen. Der rote Halttaster auf dem Kabinenpanel ist noch ohne Funktion, er wird erst in der Übung 14.7 in Betrieb genommen.

Mit dem roten Stopp-Taster (Betriebsende, Power off) auf dem Hauptpanel geben Sie das Signal an die Gondel, zunächst noch weiterzufahren und beim nächsten Halt an der Talstation stehen zu bleiben bis Sie wieder den Start-Taster drücken. Um die Taster herum zeigen farbige Ringe die Betriebszustände Bereit, Fahrbetrieb, Betriebsende angefordert und Endhalt erreicht (Power off) an.

An der Mittelstation bei Gsteier gibt es noch ein kleines *„Stationspanel"*, mit einer Anzeige der Fahrtrichtung und zwei Tastern für eine Haltanforderung auf- bzw. abwärts. Diese sind im ersten Beispiel noch nicht verwendet, sondern sie werden erst in der Übung 14.10 programmiert.

Zusätzlich gibt es ein *„Revisionspanel"* links oben mit vier Tastern: Störungsquittung, Tür öffnen (direkt, ohne SPS-Programm), Fahrt auf bzw. ab (ebenfalls direkt). Achtung: Sie können mit diesen Tastern die Tür während der Fahrt öffnen (Fehlersimulation) und die Bahn gegen die Enden, über die normalen Endpunkte hinausfahren.

Wir betrachten nun im einzelnen den Programmcode des Beispiels. Falls Sie den AWL-Code aus [1] vorliegen haben, beachten Sie bitte die folgenden, aus didaktischen Gründen vorgenommenen Anpassungen bei den Variablenbezeichnern:

```
(* statt StP -> StartStopp                                     *)
(* statt MotorOeffnen -> TuerOeffneAktor                       *)
(* statt MotorSchliessen -> TuerSchliesseAktor                 *)
```

Bei PLC-lite ist die Variablenart VAR_IN_OUT nicht verfügbar. Daher haben wir den entsprechenden Variablen den Typ VAR_INPUT zugewiesen und müssen die auszugebenden Werte innerhalb des Funktionsbausteins auf neue Variablen zuweisen, die dann vom Typ VAR_OUTPUT sind:

```
(*    KabKontrolle.StartStoppOut                              *)
(*    KabKontrolle.RichtungOut                                *)
(*    KabKontrolle.BahnAusOut                                 *)
```

Des Weiteren muss die Parametrierung bei PLC-lite durch Laden und Speichern der Eingangsparameter erfolgen (siehe Abschn. 6.9): Statt

```
CAL    KabKontrolle StartStopp := StartStopp
```

muss programmiert werden:

```
LD     StartStopp
ST     KabKontrolle.StartStopp
CAL    KabKontrolle
```

14.2 Bergbahn: Hauptprogramm

Zuerst erfolgt die Deklaration der Eingangsvariablen für die Eingabetaster und Sensoren, der Ausgangsvariablen für die Anzeigen einiger Prozesszustände und für die Aktoren und sonstiger Variable. Die Anzeigen für Richtung, Fahrt, Stationsaufenthalte, Tür öffnen und Tür zu, warten und die Anzeigen für die Betriebszustände Bereit, Fahrbetrieb, Betriebsende angefordert und Endhalt erreicht (PowerOff) werden vom Simulationsprozess selbständig gesetzt und müssen nicht extra programmiert werden.

```
PROGRAM BB01a
VAR
Beginn AT                   %I0.0: BOOL (*1=Start      *)
Ende AT                     %I0.1: BOOL (*1=Stopp      *)
TuerAuf AT                  %I0.3: BOOL (*1=öffnen     *)
TuerZu AT                   %I0.4: BOOL (*1=geschlossen*)
TalStation AT               %I1.0: BOOL (*1=in Station *)
MittelStation AT            %I1.1: BOOL
BergStation AT              %I1.2: BOOL
Betrieb AT                  %Q0.0: BOOL (*1=Anlage an  *)
TuerOeffneAktor AT          %Q0.1: BOOL (*1=Tür öffnen *)
TuerSchliesseAktor AT       %Q0.2: BOOL (*1=schließen  *)
PowerOff AT                 %Q0.3: BOOL (*1=Stopp      *)
StartStopp AT               %Q0.4: BOOL (*1=Fahrt      *)
FahrtRichtung AT            %Q0.5: BOOL (*1=abwärts    *)
EndeAnzeige AT              %Q0.6: BOOL
Warnung AT                  %Q0.7: BOOL
StationStopp AT             %QB3:  INT
WartenAnzeige AT            %Q1.7: BOOL
cycle1:                            BOOL
KabKontrolle:                      BBSteuer
END_VAR


(* Anfangswerte setzen *)
LDN    cycle1
S      PowerOff
S      EndeAnzeige
S      cycle1
```

Auswerten der Start- bzw. Stopp-Taste und des PowerOff-Signals:

```
(* Lade physikal E/A Werte (Sensor Information) *)
LD     Beginn
ST     KabKontrolle.BahnAn
LD     PowerOff
ANDN   Beginn
JMPC   KeinBetrieb
LD     Ende
ST     KabKontrolle.BahnAus
```

Stationsaufenthalte feststellen und an den Steuer-Funktionsbaustein „KabKontrolle"
übergeben:

```
(* Haltestationen *)
LD     TalStation
ST     KabKontrolle.St1
LD     BergStation
ST     KabKontrolle.St3
LD     MittelStation
ST     KabKontrolle.St2


(* Aktiviere Bergbahn Steuer FB *)
LD     TuerAuf
ST     KabKontrolle.TuerAuf
LD     StartStopp
ST     KabKontrolle.StartStopp
CAL    KabKontrolle
```

Werte aus dem Steuer-Funktionsbaustein auslesen und an Variable im Hauptprogramm
übergeben:

```
(* Speichere physikalische E/A Werte *)
LD     KabKontrolle.TuerOeffnen
ST     TuerOeffneAktor
LD     KabKontrolle.EndeSignal
ST     PowerOff
// weil in PLC-lite kein Typ VAR_IN_OUT ->
LD     KabKontrolle.StartStoppOut
AND    TuerZu
ST     StartStopp
LD     KabKontrolle.RichtungOut
ST     FahrtRichtung
LD     KabKontrolle.BahnAusOut
ST     EndeAnzeige
// zusätzliche Kontrollanzeigen:
LD     KabKontrolle.StationStoppOut
ST     StationStopp
LD     KabKontrolle.Warten
ST     WartenAnzeige
LD     KabKontrolle.Betrieb
ST     Betrieb
JMP    End_POU
```

Gondel ist in der Talstation und der Betrieb ist eingestellt (PowerOff):

```
KeinBetrieb:
LD    FALSE
ST    TuerSchliesseAktor
STN   TuerOeffneAktor
ST    KabKontrolle.BahnAn
ST    StartStopp
ST    KabKontrolle.StartStopp
CAL   KabKontrolle
// weil in PLC-lite kein Typ VAR_IN_OUT ->
LD    KabKontrolle.Betrieb
ST    Betrieb

End_POU:
END_PROGRAM
```

14.3 Flankenerkennung

Die Anlage hat für jede Haltestation einen Sensor, der den Aufenthalt der Gondel in der jeweiligen Station durch eine 1 anzeigt. Bei der Einfahrt geht das Sensorsignal von 0 auf 1. An dieser „steigenden Flanke" kann man erkennen, dass die Kabine gerade eben in die Station eingefahren ist. In [1] werden daher Variablen vom Typ BOOL mit dem Attribut R_EDGE für das Sensorsignal verwendet. Dieses Attribut ist in PLC-lite nicht implementiert, aber ein Standard-Funktionsbaustein R_TRIG. Damit ist ebenfalls eine Flankenerkennung möglich.

Der Funktionsbaustein R_TRIG wird in der Norm [4] und [6][2] festgelegt: Diese Bausteine müssen nach den folgenden Regeln arbeiten.

- Bei einem Funktionsbaustein R_TRIG geht nach dem Übergang des Eingangs CLK von 0 nach 1 bei der darauffolgenden ersten Ausführung (CAL ...) des Funktionsbausteins der Ausgang Q auf den booleschen Wert 1 und kehrt bei der zweiten Ausführung nach 0 zurück.
  Bei F_TRIG gilt entsprechendes: nach dem Übergang des Eingangs CLK von 1 nach 0 bleibt der Ausgang Q auf dem Wert 1 von der nächsten bis zur übernächsten Ausführung des Funktionsbausteins.
- ANMERKUNG: Wenn der Eingang CLK einer Instanz von Typ R_TRIG mit einem Wert 1 verbunden ist, wird sein Ausgang Q nach seiner ersten Ausführung, die auf

[2] deutsch: [4] EN 61131-3:2003 (Abschn. 2.5.2.3.2 Flankenerkennung/Tabelle 35 - Standard-Funktionsbausteine Flankenerkennung) bzw. englisch: [6] E DIN IEC 61131-3:2009-12 – Entwurf – (6.5.3.5.2 Bistable elements/Table 41 - Standard bistable function blocks)

einen Kaltstart folgt, auf 1 gehen und bleiben. Ab der nächsten und alle folgenden Ausführungen wird der Ausgang Q auf 0 gehen und so stehen bleiben.

Das gleiche gilt für eine Instanz F_TRIG , deren Eingang CLK unverbunden ist oder mit dem Wert FALSE verbunden ist.

Flankenerkennung „Steigende Flanke"

Im folgenden Funktionsbaustein sehen Sie die AWL, mit der die obigen Regeln umgesetzt werden können. Das brauchen Sie nicht zu programmieren! Dieser Standard-Funktionsbaustein ist in PLC-lite integriert. Dieser Programmcode dient nur der Veranschaulichung für Sie, wenn Sie die Arbeitsweise nachvollziehen möchten.

```
FUNCTION_BLOCK BOOL_R_TRIG
   VAR_INPUT
      CLOCK:   BOOL
   END_VAR
   VAR_OUTPUT
      FLANKE: BOOL
   END_VAR
   VAR
      M:         BOOL
   END_VAR
   LD   CLOCK
   ANDN M
   ST   FLANKE
   LD   CLOCK
   ST   M
END_FUNCTION_BLOCK
```

Übung 14.2 (FLASH141)

In Abschn. 10.3 hatten Sie ein Lauflicht programmiert, bei dem ein Anfangswert gesetzt werden musste. Vergleichen Sie die Lösung von dort mit der hier angegebenen Methode, bei der der Funktionsbaustein F_TRIG verwendet wird.

Der Funktionsbaustein Cycle1: F_TRIG wird mit CAL Cycle1 genau einmal zu Beginn jedes Zyklus aufgerufen. Der Ausgang Cycle1.Q bleibt also vom Programmstart an für genau den ersten Zyklus auf dem Wert 1 und geht für den Rest des Programmlaufs konstant auf 0. Beachten Sie, dass Sie dem Eingang Cycle1.CLK keinen Wert zuweisen müssen.

Erstellen Sie das Programm für das Lauflicht und testen Sie es.

```
Program FlashLightFlash141
(*Processes:              *)
(*  Standard-I/O  byte 1  *)
```

```
(*   Hex-Output       byte 1       *)
var
   Pulse:    TON
   Cycle1:   F_TRIG
   Bit0 AT   %QX1.0:  BOOL
   Bit7 AT   %QX1.7:  BOOL
   Byte1 AT %QB1:     USINT
end_var
(* set Bit *)
   CAL   Cycle1
   LD    Cycle1.Q
   S     Bit0

   ...
```

14.4   Bergbahn: Steuerungs-Funktionsbaustein

Wir können uns nun den Steuerungs-Funktionsbaustein anschauen. Gegenüber dem AWL-Code aus [1] wurden wieder Anpassungen vorgenommen, die im Folgenden dokumentiert werden.

```
(* statt geschützte Namen: S1,S2,S3 -> St1,St2,St3 *)
(* Attribut R_EDGE in PLC-lite n.v.->              *)
(*     BahnAn1,St11,St21,St31:  R_TRIG             *)
(* weil in PLC-lite VAR_IN_OUT nicht verfügbar ist *)
(*     zusätzliche Variable ...Out eingeführt      *)
(* andere Parameterübergabe an Funktionsbausteine  *)
(* Attribut RETAIN ist n.v. -> weglassen           *)
```

Zunächst werden die Variablen definiert:

```
FUNCTION_BLOCK BBSTEUER
VAR_INPUT
   BahnAn:         BOOL    (* Taste zum Start  *)
   BahnAus:        BOOL    (* Einleiten Ende   *)
   St1,St2,St3:    BOOL    (* Sensor Station   *)
   TuerAuf:        BOOL    (* 1: Tür öffnen    *)
END_VAR

VAR_INPUT //_IN_OUT
   StartStopp:  BOOL       (* 1: Kabine fährt  *)
END_VAR
```

```
VAR_OUTPUT
  TuerOeffnen:        BOOL
  TuerSchliessen:     BOOL
// Bei John/Tiegelkamp nicht verwendete Variablen:
  StartStoppOut:      BOOL
  RichtungOut:        BOOL
  BahnAusOut:         BOOL
  Betrieb:            BOOL        (* Betriebszustand    *)
  StationStoppOut:    INT
  Warten:             BOOL
END_VAR


VAR_OUTPUT // RETAIN
  EndeSignal:         BOOL        (* Warnsignal PowerOff*)
END_VAR


VAR
  StationStopp:       CTU         (* Stationseinfahrten *)
  TuerZeit:           TON
  Einfahrt:           BOOL
  BahnAnPuls:         R_TRIG
  St1Puls:            R_TRIG
  St2Puls:            R_TRIG
  St3Puls:            R_TRIG
END_VAR


VAR // RETAIN
  Richtung:           BOOL
  RichtungFF:         RS
END_VAR
```

Nun werden die Funktionsbausteine zur Flankenerkennung vorbereitet:

```
LD      BahnAus
S       BahnAusOut


LD      BahnAn
ST      BahnAnPuls.CLK
CAL     BahnAnPuls


LD      St3
ST      St3Puls.CLK
CAL     ST3Puls
```

```
LD      St2
ST      St2Puls.CLK
CAL     ST2Puls

LD      St1
ST      St1Puls.CLK
CAL     ST1Puls
```

In der Aufgabenstellung Übung 14.1 wird gefordert, dass zwischen dem Abschalten der Bahn und dem Neustart ein Warnsignal auszugeben ist. Dieses EndeSignal bleibt wegen der Deklaration mit dem Attribut RETAIN (auch bei Stromausfall) erhalten. Beim Programmstart wird daher der gepufferte Wert und nicht automatisch der Anfangswert 0 zugewiesen. Das ist hier mit PLC-lite bedeutungslos, weil das Attribut RETAIN nicht verfügbar ist. Wir lassen aber das Rücksetzen im Programm wie es in [1] durchgeführt ist.

```
LD      BahnAnPuls.Q        (* Der erste Aufruf?   *)
R       EndeSignal          (* wg. Attribut RETAIN *)
S       Betrieb
JMPC    RueckZaehl
JMP     Einfahrt


RueckZaehl:
LD      1
ST      StationStopp.R      (* Parameterversorgung *)
CAL     StationStopp        (* Rücksetzen          *)
LD      1
ST      StationStopp.CU
LD      0
ST      StationStopp.R
CAL     StationStopp        (* starten             *)
LD      StationStopp.CV
ST      StationStoppOut
JMP     KabineVerschliessen
```

Nach der Einfahrt in eine Station sind mehrere Aktionen erforderlich: Motor anhalten, Tür öffnen und Stationszähler hochzählen.

```
Einfahrt:
LD      St1Puls.Q
OR      St2Puls.Q
OR      St3Puls.Q
ST      Einfahrt
R       StartStopp          (* Stopp Kabine        *)
S       TuerOeffnen         (* Tür öffnen          *)
```

```
ST      StationStopp.CU
LD      0
ST      StationStopp.R
CAL     StationStopp       (* zählen              *)
// Zählerwert zur Weiterverarbeitung auslesen:
LD      StationStopp.CV
ST      StationStoppOut
```

Nun prüfen wir, ob die Kabine in der Talstation (St1) oder der Bergstation (St3) steht. Das machen wir mit XOR: bei einem Sensorfehler könnte es vorkommen, dass beide Sensoren 1 anzeigen. Diesen Fehlerfall sollte man noch abfangen und entsprechend bearbeiten (z. B. einen Nothalt einleiten). Ebenfalls aus Sicherheitsgründen schalten wir die Richtung nicht einfach durch die Befehlsfolge LD Richtung STN Richtung um, sondern verwenden das Flip-Flop RichtungFF. Zum Festlegen der neuen Richtung verwenden wir die statischen Signale der Stationen.

```
(* Evtl. Richtungswechsel *)
LD    St1                    (* statische Signale!  *)
XOR   St3
JMPCN KeinUmschalten         (* keine 1? -> weiter  *)
(* Kabinen-Richtung umdrehen *)
LD    St1                    (* statische Signale!  *)
ST    RichtungFF.R1
LD    St3
ST    RichtungFF.S
CAL   RichtungFF
LD    RichtungFF.Q1
ST    RichtungOut
```

Die Kabinentür darf nur bei Aufenthalt in einer Station geöffnet werden. Das Signal vom Türöffnen-Taster wird entsprechend verknüpft:

```
KeinUmschalten:
LD    TuerAuf          (* Türschalter abfragen     *)
AND(  St1              (* bei Aufenthalt in Station*)
OR    St2
OR    St3
)
S     TuerOeffnen
```

Wenn das Betriebsende angefordert wurde und wir in der Talstation eingefahren sind, dann sind wir jetzt fertig ...

```
(* Bahnende + in Station -> POE Ende             *)
LD    BahnAusOut       (* Ausschalter betätigt?    *)
```

```
AND     St1Puls.Q          (* Einfahrt in Talstation    *)
S       EndeSignal
R       Betrieb
JMPC    PoeEnde
```

... sonst geht es weiter:

```
KabineVerschliessen:
LD      TuerOeffnen
STN     TuerSchliessen     (* nie beide gleich! *)


(* Weiterfahrt nach 4 Sek. *)
LDN     TuerAuf
ANDN    StartStopp
ST      TuerZeit.IN
S       Warten             (* Kontrollanzeige *)
LD      T#4s
ST      TuerZeit.PT
CAL     TuerZeit
LD      TuerZeit.Q         (* Zeit abgelaufen? *)
AND     Betrieb
S       StartStopp
R       TuerOeffnen
R       Warten
```

Ende des Funktionsbausteins und Rückkehr zum aufrufenden Hauptprogramm:

```
PoeEnde:
LD      StartStopp
ST      StartStoppOut
END_FUNCTION_BLOCK
```

Übung 14.3 (BB01FF)

Begründen Sie zum Beispiel mit Hilfe einer Funktionstabelle, warum das Flip-Flop
RichtungFF zur Richtungsumkehr nur in den beiden Endstationen umschaltet.

Geben Sie eine Schaltung an, die den Fehlerfall: beide Sensoren geben Signal erkennt und eine Warnlampe einschaltet.

Übung 14.4 (BB01b)

Unsere Anzeige der Stationseinfahrten hat den „Schönheitsfehler", dass die Zahlen im
HEX-Code dargestellt werden. Um die Zahlen im BCD-Code darzustellen, haben wir
in der Übung 11.4 (BCD111.PLP) eine Funktion

```
Function hex_to_bcd: Byte   (f_h2bcd.il)
```

entwickelt.

Erweitern Sie die Bergbahn-Übung 14.1 um diese Funktion zur Darstellung der Stationseinfahrten in BCD-Schreibweise!

Übung 14.5 (BB01c)

Es soll auf der Anzeige nun nicht die Anzahl der Stationseinfahrten angezeigt werden, sondern bei einem Stationsaufenthalt die jeweilige Stationsnummer: für die Talstation eine 1, für die Mittelstation die Ziffer 2 und für die Bergstation die 3. Während der Fahrt soll die Zeichenfolge „FA" angezeigt werden.

Lösungshinweis: Hier handelt es sich um einen Codeumsetzer, der den 1-aus-3-Code in einen Dualcode umsetzen muss. In Abschn. 2.14 und Abschn. 2.17 haben Sie mittels der Auswertung der Minterme („UND-vor-ODER") einer Funktionstabelle eine Schaltungsgleichung erstellt. Ähnlich können wir hier vorgehen. Wir haben die drei Eingangssignale `TalStation`, `MittelStation` und `BergStation`, von denen entweder keines oder nur eines „1" ist. Als Ausgänge der Funktionstabelle sehen wir die beiden Bits für 2^1 und 2^0 der Stationsnummer vor. Diese werden zusammengefasst und ergeben die Stationsnummer als Zahlenwert 01_{BCD}, 10_{BCD} oder 11_{BCD} (als Dezimalzahlen: 1, 2 oder 3).

Ändern Sie die Bergbahn-Übung 14.1, um anstelle der Anzahl der Stationseinfahrten die Stationsnummer anzuzeigen.

Anzeige der Stationsnummer

Die Lösung der Übung 14.5 kann mit dem folgenden Programmteil verwirklicht werden: Zuerst bestimmen wir das höherwertige Bit 2^1. Es muss 1 sein, wenn die Kabine sich in der MittelStation oder der Bergstation befindet. Hier geben wir die vollständigen Minterme an, obwohl das nicht erforderlich wäre, weil ja die Kabine stets nur in einer Station ist. Aber: falls ein Sensorfehler auftreten würde, kann man diese Situation erkennen und entsprechende Maßnahmen veranlassen. Aus den Mintermen entstehen Werte vom Typ `BOOL`, die zur Weiterverarbeitung in Zahlenwerte (Typ `INT`) umgewandelt werden müssen. In Abschn. 8.2 hatten wir uns bereits mit Typumwandlungen befasst. Das Ergebnis wird vorläufig in der Variablen `Stationsnummer` gespeichert:

```
(* Stationsnummer als Zahl ausgeben *)
LD      MittelStation  (* bit 1 bestimmen    *)
ANDN    TalStation
ANDN    BergStation
OR(     BergStation
ANDN    MittelStation
ANDN    TalStation
)
BOOL_TO_INT
```

```
MUL       2                    (* links schieben     *)
ST        Stationsnummer
```

Bestimmung des niederwertigen Bit 2^0, ebenfalls die vollständigen Minterme. Dieses Bit muss 1 sein, wenn die Kabine sich in der TalStation oder der Bergstation befindet:

```
LD        TalStation          (* bit 0 bestimmen     *)
ANDN      MittelStation
ANDN      BergStation
OR(       BergStation
ANDN      MittelStation
ANDN      TalStation
)
BOOL_TO_INT
```

Nun wird zu diesem Zwischenergebnis die Variable Stationsnummer addiert und die Summe als Endergebnis in der Variablen Stationsnummer zurückgespeichert:

```
ADD       Stationsnummer      (* zusammenfassen    *)
ST        Stationsnummer
```

Stationsnummer ist 0 wenn die Kabine nicht in einer Station ist. An dieser Stelle könnte man auch die Variable StartStopp auswerten:

```
EQ        0
JMPC      AnzeigeFahrt        (* nicht in Station *)
LD        Stationsnummer
JMP       AnzeigeStation
AnzeigeFahrt:
LD        16#FA
AnzeigeStation:
ST        StationStopp        (* anzeigen          *)
```

Übung 14.6 (BB01d)

Ändern Sie die Lösung aus Übung 14.4, indem Sie die Variable StartStopp als Bedingung für die Fahrt-Anzeige verwenden. Erörtern Sie Konsequenzen aus den beiden verschiedenen Methoden.

14.5   Bergbahn mit Haltanforderung aus der Kabine

Die Bergbahn soll nun an der Mittelstation Gsteier nur auf Anforderung halten. Zunächst soll das nur mit dem Taster im Kabinenpanel in der Kabine möglich sein. Das heißt, nur Personen, die mit der Kabine mitfahren, können den Bedarfshalt veranlassen.

Übung 14.7 (BB02a)

Erweitern Sie das Programm aus der Übung 14.1 um die Abfrage des Halttasters auf dem Kabinenpanel und den Kabinenhalt an der Mittelstation, wenn zuvor der Halttaster gedrückt wurde.

Lösungshinweis: Eine Variable wird gesetzt, um den Tastendruck auf den Halteknopf zu speichern. Nur wenn diese Variable gesetzt ist, wird das Sensorsignal an den Steuerungs-Funktionsbaustein weitergegeben. Diese Haltewunschvariable wird bei der Ausfahrt wieder zurückgesetzt. Um die Ausfahrt zu registrieren, können Sie eine Variable vom Typ F_TRIG verwenden.

Der Taster und die Anzeige sind an folgenden Ein- bzw. Ausgängen angeschlossen:

```
HaltSt2KabineTaster AT      %I1.3: BOOL
HaltSt2Kabine AT            %Q1.3: BOOL
```

Im Steuerungsfunktionsbaustein brauchen Sie keine Änderungen vorzunehmen, lediglich im Hauptprogramm.

Halt an der Mittelstation bei Gsteier nur auf Wunsch

Die Steuerung für die Übung 14.7 kann mit dem folgenden Programmteil verwirklicht werden:

```
LD     HaltSt2KabineTaster
S      HaltSt2Kabine         (* Halt registrieren    *)
LD     MittelStation
AND    HaltSt2Kabine         (* Halt bei Anforderung *)
ST     KabKontrolle.St2
ST     MittelStationAusfahrt.CLK
CAL    MittelStationAusfahrt
LD     MittelStationAusfahrt.Q
R      HaltSt2Kabine         (* Anforderung löschen  *)
```

Übung 14.8 (BB02b)

Nun soll die Anzeige der Stationshalte wie bei der Übung 14.4 als BCD-Zahlen und nicht als HEX-Zahlen angezeigt werden.

Übung 14.9 (BB02c)

Wie bei der Übung 14.5 sollen nun während der Aufenthalte die Stationsnummern angezeigt werden.

14.6   Bergbahn mit Haltanforderung von der Mittelstation

Nun sollen an der Mittelstation Gsteier auch die Auf-/Ab-Taster auf dem Stationspanel an der Station in Betrieb genommen werden, damit ein Wanderer die Kabine zum Zusteigen anhalten kann. Um unnötige Halte zu vermeiden, gibt es für den Haltewunsch bei Berg- bzw. Talfahrt verschiedene Taster. Die Haltanforderung soll also richtungsabhängig ausgeführt werden.

Übung 14.10 (BB03a)

Erweitern Sie das Programm aus der Übung 14.9 um die Abfrage des Halttasters auf dem Stationspanel und den Kabinenhalt an der Mittelstation, wenn zuvor der Halttaster „auf" bzw. „ab" gedrückt wurde und die Kabine in die entsprechende Richtung fährt. Fährt die Kabine in der nicht angeforderten Richtung durch die Mittelstation, bleibt die Anforderung gesetzt bis die Kabine auf dem Rückweg in der gewünschten Richtung fährt.

Die Taster und die Anzeigen sind an folgenden Ein- bzw. Ausgängen angeschlossen:

```
AnforderungAufTaster AT     %I1.4: BOOL
AnforderungAuf AT           %Q1.4: BOOL
AnforderungAbTaster AT      %I1.5: BOOL
AnforderungAb AT            %Q1.5: BOOL
```

Lösungshinweis: Die Bedingung für die Haltanforderung ist nun:

$$MittelStation \quad \wedge$$
$$(HaltSt2Kabine \quad \vee$$
$$(AnforderungAuf \wedge \overline{FahrtRichtung}) \quad \vee$$
$$(AnforderungAb \wedge FahrtRichtung)$$
$$)$$

Für das Rücksetzen der Haltanforderung gelten folgende Bedingungen:
Rücksetzen von `HaltSt2Kabine` wie bei der Übung 14.7:

$$MittelStationAusfahrt.Q$$

Rücksetzen von `AnforderungAuf`:

$$MittelStationAusfahrt.Q \wedge AnforderungAuf \wedge \overline{FahrtRichtung})$$

Rücksetzen von `AnforderungSt2Ab`:

$$MittelStationAusfahrt.Q \wedge AnforderungAb \wedge FahrtRichtung)$$

Bedarfshalt bei Gsteier je nach Richtung

Die Steuerung für das Bsp. 14.10 kann mit dem folgenden Programmteil verwirklicht werden:

Zunächst müssen die entsprechenden Tastendrücke abgefragt und gespeichert werden.

```
LD      HaltSt2KabineTaster
S       HaltSt2Kabine          (* Halt registrieren *)


LD      AnforderungAufTaster
S       AnforderungAuf         (* Halt registrieren *)


LD      AnforderungAbTaster
S       AnforderungAb          (* Halt registrieren *)
```

Wir prüfen nun, ob eine Bedingung für einen Halt vorliegt. Bei Einfahrt in die Mittelstation prüfen wir, ob der Halttaster aus der Kabine gedrückt ist, oder am Stationspanel der Halttaster für Bergfahrt gedrückt war und die Bahn sich auf Bergfahrt befindet oder ob der Halttaster für Talfahrt gedrückt war und die Bahn sich auf Talfahrt befindet.

```
LD      MittelStation
AND(    HaltSt2Kabine          (* Halt Anforderung  *)
   OR(      AnforderungAuf     (* nur bei Bergfahrt *)
     ANDN   FahrtRichtung
     )

   OR(      AnforderungAb      (* nur bei Talfahrt  *)
     AND    FahrtRichtung
     )
)
```

Wenn die Kabine in der Mittelstation eingefahren ist und eine Haltebedingung vorliegt, ergibt der vorige Ausdruck 1, in der Steuerung wird St2 aktiviert und die Kabine hält. Zusätzlich wird die Variable MittelStationAusfahrt getriggert. Sie ist vom Typ F_TRIG, der Ausgang Q bleibt noch 0 bis die Kabine aus der Mittelstation herausgefahren ist. Dann wird MittelStation wieder 0, und der 1 zu 0 Übergang (negative Flanke!) am Takteingang CLK bewirkt, dass der Ausgang Q für einen Programmzyklus zu 1 wird. Genau in diesem Zyklus werden die zu löschenden Anforderungen zurückgesetzt.

```
ST      KabKontrolle.St2
ST      MittelStationAusfahrt.CLK
CAL     MittelStationAusfahrt


LD      MittelStationAusfahrt.Q (* Ausfahrt?    *)
AND     HaltSt2Kabine
R       HaltSt2Kabine          (* Anforderung löschen *)
```

```
LD      MittelStationAusfahrt.Q
AND     AnforderungAuf
ANDN    FahrtRichtung
R       AnforderungAuf      (* Anforderung löschen *)


LD      MittelStationAusfahrt.Q
AND     AnforderungAb
AND     FahrtRichtung
R       AnforderungAb       (* Anforderung löschen *)
```

14.7 Behandlung von Betriebsfehlern

Unterhalb der Stationsnamen sehen Sie Felder „Sensor ok". Wenn Sie darauf klicken, simulieren Sie die Fehlfunktionen „Kabelbruch" (d. h. der Sensor gibt dauerhaft 0-Signal) und „Blockierung" (d. h. der Sensor gibt dauerhaft 1-Signal).

Übung 14.11 (BB04a)

Wenn Sie das Programm aus der Übung 14.1 ausführen, können Sie u. a. beobachten, wie bei jedem „Falschklick" auf einen Stationssensor die Zahl der Einfahrten erhöht wird.

Sie können auch sehen was passiert, wenn die Gondel über die Endhaltestellen hinausfährt! Benutzen Sie auch die Tasten für die Auf- bzw. Abwärtsbewegung der Gondel auf dem Revisionspanel.

Testen Sie die Programme ausgiebig um möglichst alle Fehlersituationen zu erkennen!

Fehlerbehandlungsroutinen

Sie können nun eigene Fehlerbehandlungen einbauen. Wenn beispielsweise mehr als ein Stationssensor gleichzeitig Signal gibt, wird im folgenden Codefragment ein Sprung zur Marke „FehlerAktion" durchgeführt. Dort können Sie eine Reaktion auf diese Fehlerursache programmieren.

Schauen Sie hierzu auch in Ihre Lösung der Übung 14.3.

```
LDN     TalStation
ANDN    MittelStation
ANDN    BergStation


OR(     TalStation
ANDN    MittelStation
ANDN    BergStation
)
```

```
OR (     MittelStation
ANDN     TalStation
ANDN     BergStation
)
OR (     BergStation
ANDN     TalStation
ANDN     MittelStation
)
JMPCN    FehlerAktion
JMP      KeinFehler
FehlerAktion:
LD       TRUE
S        Warnung
jmp      KeinBetrieb
KeinFehler:
LD       TRUE
R        Warnung
```

Notbetrieb

Des Weiteren sind in der Anlage noch zusätzliche Sensoren als Endschalter vorhanden, die unbetätigt 1-Signal abgeben. Diese Signale kommen etwas später als die normalen Haltestellensensoren. Der Zustand dieser Sensoren wird auf dem Revisionspanel rechts neben den Tastern für Auf- bzw. Abwärtsfahrt angezeigt. Die Signale sind an die Eingänge %I2.0, %I2.1 und %I2.2 angeschlossen.

```
TalStation2 AT    %I2.0: BOOL (* 0=Endanschlag *)
MittelStation2 AT %I2.1: BOOL (* 0=Haltpunkt   *)
BergStation2 AT   %I2.2: BOOL (* 0=Endanschlag *)
```

Sie können diese Sensoren für den Notbetrieb einsetzen.

Übung 14.12 (BB04b)

Erweitern Sie das Programm aus der Übung 14.10 für den Notbetrieb. Die Fehlerbehandlung sollte auch die Endschalter auswerten. Steuern Sie im Notbetrieb die Warnung an (%Q0.7)! Testen Sie das Programm ausgiebig, um möglichst alle Fehlersituationen zu erkennen.

Aufbau und Programmierung einer SPS 15

In Abb. 15.1 ist eine Übersicht über die Steuerungsarten dargestellt. Bei einer *verbindungsprogrammierten* Steuerung ist das Programm durch die feste Verdrahtung der aktiven Schaltglieder (Gatter) festgelegt und ist nur durch meist sehr aufwendiges Verändern der Leitungsverbindungen zu ändern.

Bei einer *speicherprogrammierten* Steuerung wird die Signalverarbeitung von einem Computer übernommen. Die zur Programmverwirklichung der Steuerung notwendigen Anweisungen an den Computer sind in einem Speicher abgelegt. Die Gesamtheit dieser Anweisungen wird als „*Programm*" bezeichnet.

Ist das Programm in einem Festwertspeicher (ROM = Read Only Memory, d. h. nur Lesezugriff) abgelegt, so ist eine Änderung des Steuerprogramms nur durch Austausch dieses Speichers (Chip) möglich; es handelt sich dann um eine austauschprogrammierbare Steuerung. Eine freiprogrammierbare Steuerung benutzt als Programmspeicher einen Schreib-/Lese-Speicher (RAM = Random Access Memory, d. h. wahlfreier Zugriff Lesen oder Schreiben). Hier kann das Programm der Steuerung durch Umprogrammieren des Speichers leicht geändert werden.

Alle Speicherprogrammierbaren Steuerungen haben im Prinzip den gleichen Aufbau wie jeder Computer auch: Zentraleinheit, Speicher und Eingabe- und Ausgabeeinheiten. Zentraleinheit und Speicher bilden meist eine Einheit und werden als Automatisierungsgerät bezeichnet.

Über die Ein- und Ausgabeeinheiten können binäre und digitale Signale ein- bzw. ausgegeben werden. Analoge Signale müssen in digitale Signale umgewandelt werden. Die entsprechenden Signalwandler werden als Analog-Digital-Wandler (A/D-Wandler) bzw. Digital-Analog-Wandler (D/A-Wandler) bezeichnet.

© Springer-Verlag Berlin Heidelberg 2015
H.-J. Adam, M. Adam, *SPS-Programmierung in Anweisungsliste nach IEC 61131-3*,
DOI 10.1007/978-3-662-46716-9_15

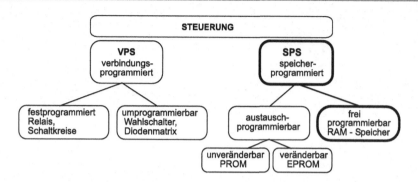

Abb. 15.1 Speicherprogrammierte Steuerungen

Das Erstellen eines *Steuerungsprogrammes* erfolgt in folgenden vier Schritten:

1. **Funktionale Programmbeschreibung**
    Die Steuerungsaufgabe wird verbal beschrieben, Ein- und Ausgabedaten werden angegeben. Ein- und Ausgabedaten sind bei Steuerungen überwiegend binäre, digitale und analoge Signale, die vom Prozess kommen (Prozesssignale von Sensoren) oder zum Prozess gehen (Befehle an Aktoren).

2. **Programmablaufplan (Struktogramm) erstellen**
    Der Programmablaufplan und das Struktogramm sind Hilfsmittel, die zum „Konstruieren" von Programmen verwendet werden. Mit Hilfe von graphischen Symbolen wird der Ablauf des Programms übersichtlich dargestellt. Von einer groben Programmübersicht kommt man durch stufenweises Verfeinern zur Programmstruktur: die Steuerungsaufgabe ist damit in für den Computer realisierbare Einzelschritte aufgeteilt. Struktogramm und Programmablaufplan sind von der verwendeten Programmiersprache unabhängig.

3. **Programmerstellung**
    Die aus dem Struktogramm oder Programmablaufplan ersichtlichen einzelnen Schritte werden in die Programmiersprache übertragen. Als Ergebnis erhält man beispielsweise die Anweisungsliste, die vom Compiler in den Maschinencode übersetzt oder vom Interpreter direkt abgearbeitet werden kann. In der SPS werden oft Interpreter verwendet, da Programmfehler dann im Schrittbetrieb leichter gefunden werden können.

4. **Test und Dokumentation**
    Programmtest und Dokumentation müssen sehr sorgfältig ausgeführt werden. Alle Funktionen der Steuerung müssen im Zusammenspiel mit dem Prozess (on-line), oder wenn dies nicht möglich ist, durch Simulation (off-line) bei allen denkbaren Betriebsbedingungen getestet werden. Ein gute Dokumentation ist erforderlich, um spätere Änderungen des Programms mit vertretbarem Aufwand durchführen zu können.

Die Prozesssignale liegen an den Eingängen an. Das Programm liegt im Anwender-speicher und wird vom Steuerwerk Schritt für Schritt angewählt. Die jeweils angewählte Steuerungsanweisung wird in das Steuerwerk übertragen und bearbeitet. Dabei werden z. B. Eingänge, Ausgänge, Merker, Zeiten auf ihren Signalzustand abgefragt und ver-knüpft, um Ausgänge, Merker usw. anzusteuern. Nach Ausführung eines Befehls wird der Befehlszähler erhöht, so dass die nächste Speicherzelle angesteuert wird.

Nach Ausführung der letzten Anweisung wird wieder an der ersten Adresse begonnen: das Programm wird zyklisch wiederholt.

Normerfüllung von PLC-lite

16

Zusammenfassung

In diesem Kapitel finden Sie Bezüge auf die Norm IEC61131-3, soweit sie in PLC-lite verwirklicht sind. Die hier beschriebenen Sprach- und Strukturelemente der Norm IEC 61131-3 dokumentieren die Eigenschaften des Programms „PLC-lite".

Die folgenden Tab. 16.1 bis 16.8 beschreiben die Eigenschaften von PLC-lite hinsichtlich der Norm IEC 61131. Dieses System erfüllt die Anforderungen der IEC 61131-3 in folgenden Eigenschaften der Sprache: AWL.

Tab. 16.1 Textelemente

Begriff	Beschreibung
Zeichensatz	Es dürfen nur Zeichen (Buchstaben, Ziffern und Sonderzeichen) aus der „Basis-Code-Tabelle" des ISO/IEC-646 verwendet werden. Die Groß- /Kleinschreibung ist bei den Sprachelementen nicht erheblich.
Bezeichner	Bezeichner, also z. B. Variablennamen, müssen mit einem Buchstaben oder einem Unterstreichstrich beginnen. Sie dürfen keine Umlaute (äöü) und kein ß enthalten!
Schlüsselwörter	Die Schlüsselwörter werden vom Programmiersystem als syntaktische Elemente verwendet und können daher nicht für anwenderdefinierte Bezeichner gebraucht werden.
Leerzeichen	Leerzeichen dürfen innerhalb von Bezeichnern, Schlüsselwörtern oder Literalen nicht vorkommen. An allen anderen Stellen sind aber beliebig viele Leerzeichen erlaubt.
Kommentare	Kommentare werden durch die Zeichenkombinationen (* und *) eingeschlossen. Sie dürfen überall dort eingesetzt werden, wo auch Leerzeichen erlaubt sind. Es ist nicht zulässig Kommentare zu „schachteln"; z. B. (* Kommentar (* geschachtelt *) *).
Literale	Literale dienen zur Darstellung von Datenwerten. Sie werden gemäß der folgenden Tabellen dargestellt.

© Springer-Verlag Berlin Heidelberg 2015

H.-J. Adam, M. Adam, *SPS-Programmierung in Anweisungsliste nach IEC 61131-3*,

DOI 10.1007/978-3-662-46716-9_16

Tab. 16.2 Numerische Literale

Name	Beispiele	Anmerkung
Ganze Zahlen	-12	
	0	
	23	
	+56	
Reelle Zahlen	-12.0	n. u.[a]
	0.0	
	3.14159	
Reelle Zahlen mit Exponent	-1.34E-12	n. u.
	1.0e+6	
Binärzahlen	2#1111_1111	
	2#11100000	
Oktalzahlen	8#377	n. u.
	8#340	
Hexadezimalzahlen	16#ff	
	16#FF	
	16#E9	
Boolesche Werte	0 oder FALSE	
	1 oder TRUE	
Literale mit Typangabe	INT#-12	
	BYTE#2#0110_1100	
	UINT#16#EFFE	

[a] n. u. bedeutet: in PLC-lite wird diese Eigenschaft nicht unterstützt.

Tab. 16.3 Zeichenfolge-Literale

Beschreibung
Mit PLC-lite können keine Zeichenfolgen (Texte, Strings) bearbeitet werden.

Tab. 16.4 Zeitliterale

Name	Beispiele	Anmerkung
Zeitdauer	T#14ms	
	t#14h12m18s3.5ms	
	t#14h_12m_18s_3.5ms	
	Time#14.7s	
Datum	Date#1984-06-25	n. u.[a]
	D#1984-06-25	
Tageszeit	Time_of_Day#15:36:55.36	n. u.
	TOD#15:36:55.36	
Datum und Zeit	Date_and_Time#1984-06-25-15:36:55.36	n. u.
	DT#1984-06-25-15:36:55.36	

[a] n. u. bedeutet: in PLC-lite wird diese Eigenschaft nicht unterstützt.

Tab. 16.5 Datentypen

Schlüssel-wort	Datentyp	Bits	Bereich	Initialisierungswert	
BOOL	Logisch boolesch	1	0, 1 (FALSE, TRUE)	0	
SINT	Kurze ganze Zahl short integer	8	$-128\ldots+127$	0	
INT	Ganze Zahl integer	16	$-32768\ldots32767$	0	
DINT	Doppelt ganze Zahl double integer	32	$(-2^{31})\ldots(+2^{31}-1)$	0	
LINT	Lange ganze Zahl long integer	64	$(-2^{63})\ldots(+2^{63}-1)$	0	n. u.[a]
USINT	Vorzeichenlose kurze ganze Zahl (unsigned)	8	$0\ldots255$	0	
UINT	Vorzeichenlose ganze Zahl	16	$0\ldots65535$	0	
UDINT	Vorzeichenlose doppelte ganze Zahl	32	$0\ldots(2^{32}-1)$	0	
ULINT	Vorzeichenlose lange ganze Zahl	64	$0\ldots(2^{64}-1)$	0	n. u.
REAL	Reelle Zahl	32	Gemäß IEC 559 für Gleitpunktformat	0	n. u.[a]
LREAL	Lange reelle Zahl	64	Gemäß IEC 559 für Gleitpunktformat	0	n. u.
TIME	Zeitdauer	32	$0\ldots\pm$ca. 24 Tage Kleinste Einheit: 1 ms	T#0s	
DATE	Datum			D#0001-01-01	n. u.
TOD	Uhrzeit			TOD#00:00:00	n. u.
DT	Datum und Uhrzeit			DT#0001-01- 01-00:00:00	n. u.
STRING	Variabel lange Zeichenfolge		Ein numerischer Wertebereich ist für diese Datentypen nicht anwendbar	” (leere Zeichenfolge)	n. u.
BYTE	Bit-Folge	8		0	
WORD	Bit-Folge	16		0	
DWORD	Bit-Folge	32		0	
LWORD	Bit-Folge	64		0	

[a] n. u. bedeutet: in PLC-lite wird diese Eigenschaft nicht unterstützt.

Tab. 16.6 Allgemeine Datentypen

Die allgemeinen Datentypen werden durch die Vorsilbe ‚ANY' identifiziert.

ANY_ELEMENTARY

ANY_MAGNITUDE		ANY_BIT	ANY_STRING[a]	ANY_DATE[a]
ANY_NUM				TIME
ANY_INT	ANY_REAL[a]			
LINT[a], DINT, INT, SINT, ULINT[a], UDINT, UINT, USINT	LREAL[a], REAL[a]	LWORD[a], DWORD, WORD, BYTE, BOOL	STRING[a], WSTRING[a]	DATE_AND_TIME[a], DATE, TIME_OF_DAY[a]

[a] in PLC-lite wird diese Eigenschaft nicht unterstützt.

Tab. 16.7 Abgeleitete Datentypen[b]

Deklarationen (Vereinbarungen)

Der Anwender kann durch die textuelle Konstruktion TYPE ... END_TYPE selbst Datentypen durch Ableitung aus anderen deklarieren und damit neben den elementaren Datentypen weitere Typen verwenden.

Initialisierung

Der voreingestellte Wert ist der Wert des ersten Bezeichners der Aufzählungsliste bzw. der unterste Wert des Bereichs oder er wird durch den Zuweisungsoperator := festgelegt. Bei Strings kann die maximale Länge in Klammern angegeben werden.

[b] Die Eigenschaften „abgeleitete Datentypen" sind in PLC-lite nicht enthalten.

Tab. 16.8 Variable

Einzelelement-Variable

Sie enthalten nur ein einzelnes Datenelement. Dieses kann eines der elementaren Typen sein oder ein von einem elementaren Typ abgeleiteter Typ.

Einzelelement-Variable können direkt dargestellt werden:

Der Bezeichner beginnt mit dem %-Zeichen. Die anschließenden Zeichen geben den Speicherort, die Größe und die hierarchische physikalische oder logische Adresse an. Die Eingänge der SPS sind der Speicherort I, Ausgänge der Speicherort Q und Merker der Speicherort M. Bei den Adressen ist zu beachten, dass die Zählung bei 0 beginnt.

Direkte Variable (Beispiele)	Größe, Typ	Bedeutung
%I0.1	1 Bit, Bool	Eingang, Byte0, Bit1
%I1	1 Bit	Eingang, Byte0, Bit1
%IB1	1 Byte = 8 Bit	Eingang, Byte 1
%IW0	2 Byte = 16 Bit, WORD	Eingang, Wort 0, bestehend aus Byte 1 und Byte 0
%ID0	4 Byte = 32 Bit, DWORD	Eingang, Doppelwort 0, bestehend aus Bytes 3 – 0

Tab. 16.8 (Fortsetzung)

Direkte Variable (Beispiele)	Größe, Typ	Bedeutung
%IL0	8 Byte = 64 Bit, LWORD[a]	Eingang, Langwort 0, bestehend aus Bytes 7 – 0
%Q...		Ausgang
%M...		Merker

Multielement-Variable[b]
Multielementvariablen sind die Felder (ARRAYs) und die Strukturen (STRUCTUREs).

Deklaration von Variablen
Die Deklaration von Variablen wird für jede Variablenart getrennt durch das Schlüsselwort ‚END_VAR' abgeschlossen. Beispiele für die Anwendung finden sich im Arbeitsteil dieses Buches. In PLC-lite sind nur die in den Übungen und Aufgaben angesprochenen Eigenschaften verwendbar.

Schlüsselwort	Gebrauch, Geltungsbereich	Anmerkung
VAR	Innerhalb der Organisationseinheit	
VAR_INPUT	Werte werden von außerhalb der POE geliefert, sind innerhalb der POE nicht veränderbar	
VAR_OUTPUT	Werte werden von POE nach außen geliefert	
VAR_IN_OUT	Werte werden von außen geliefert, können innerhalb der POE verändert werden und werden wieder nach außen gegeben	n. u. [c]
VAR_EXTERNAL	Werte werden von Konfiguration geliefert	n. u.
VAR_GLOBAL	Überall gültige globale Variable	n. u.
VAR_ACCESS	Zugriffspfade für Kommunikationsdienste nach IEC 1131-5	n. u.
END_VAR	Schließt Variablendeklarationen ab	
Bestimmungs-zeichen	Gebrauch	Anmerkung
RETAIN	Gepufferte Variable, letzter Wert wird nach Warmstart wiederhergestellt	n. u. [c]
CONSTANT	Nicht änderbar (=Konstante)	n. u.
AT	Bestimmten Speicherort zuweisen	

[a] in PLC-lite wird diese Eigenschaft nicht unterstützt.
[b] Multielementvariablen sind in PLC-lite nicht enthalten.
[c] n. u. bedeutet: in PLC-lite wird diese Eigenschaft nicht unterstützt.

16.1 Programm-Organisationseinheiten (POE)

Die Programm-Organisationseinheiten (z. B. „Hauptprogramm", Funktion, Funktionsbaustein) werden in Tab. 16.9 und 16.10 beschrieben.

Funktionen

Eine Funktion liefert nach dem Aufruf genau ein Datenelement zurück. Auch ein Feld oder eine Struktur ist ein Datenelement, obwohl es mehrere Werte enthält. In der Sprache Anweisungsliste befindet sich der Rückgabewert im Aktuellen Ergebnis (AE).

In den folgenden Tab. 16.9 und 16.10 sind die in PLC-lite implementierten Funktionen und Funktionsbausteine aufgeführt.

Tab. 16.9 Standardfunktionen

Funktionen zur Typumwandlung

Funktion	Rückgabewert, Beispiel	Anmerkung
`*_TO_**`	*: Eingangsdatentyp, z. B. `INT` **: Ausgangsdatentyp, z. B. `USINT`	
`BCD_TO_**`	Eingangsdatentyp: `ANY_BIT`, BCD-Format **: Ausgangsdatentyp, z. B. `INT`	n. u.[a]
`*_TO_BCD`	*: Eingangsdatentyp, z. B. `INT` Ausgangsdatentyp: `ANY_BIT`, BCD-Format	n. u.
`TRUNC`	Abschneiden in Richtung Null Eingangstyp: `ANY_REAL`, Ausgangstyp: `ANY_INT`	n. u.

Arithmetische Standardfunktionen

Datentypen: `ANY_NUM`, `TIME`

Funktion	Rückgabewert, Beispiel	Anmerkung
`ADD`	Addition,	Zahl der Eingänge
`MUL`	Multiplikation	erweiterbar [b]
`SUB`	Subtraktion,	zwei Eingänge
`DIV`	Division	
`MOD`	Divisionsrest	

Standardfunktionen für Bitfolgen

Datentypen: `ANY_BIT`

Funktion	Rückgabewert, Beispiel	Anmerkung
`SHL`	Links schieben um N bit, rechts mit Null füllen	
`SHR`	Rechts schieben um N bit, links mit Null füllen	
`ROL`	Links rotieren um N bit, „im Kreis"	
`ROR`	Rechts rotieren um N bit, „im Kreis"	
`AND`	Bitweise UND-Verknüpfung	Zahl der Eingänge
`OR`	Bitweise ODER-Verknüpfung	erweiterbar [b]
`XOR`	Bitweise Exclusiv-ODER-Verknüpfung	
`NOT`	Negation	

Tab. 16.9 (Fortsetzung)

Standardfunktionen für Vergleich

Eingabe: alle Datentypen (ANY_BIT werden als vorzeichenlose Ganzzahlen interpretiert),

Ausgabe: BOOL

Funktion	Rückgabewert, Beispiel	Anmerkung
GT, >	„greater than": liefert TRUE, wenn Operand > CR	
GE, >=	„greater or equal": TRUE bei größer oder gleich CR	
EQ, =	„equal": gleich	
NE, <>	„not equal": ungleich	
LE, <=	„less or equal": kleiner/gleich	
LT, <	„less than": kleiner	
MAX		n. u. [a]
MIN		n. u.

[a] n. u. bedeutet: in PLC-lite wird diese Eigenschaft nicht unterstützt.
[b] Erweiterbarkeit der Eingänge wird in PLC-lite nicht unterstützt.

Standardfunktionsbausteine

Es werden in Tab. 16.10 nur die in PLC-lite implementierten Standard-Funktionsbausteine beschrieben.

Tab. 16.10 Standardfunktionsbausteine

Bistabile Funktionsbausteine

Funktion	Symbol	Beschreibung
SR	BOOL — S1 Q1 — BOOL (SR) BOOL — R	FlipFlop, vorrangig setzend
RS	BOOL — S Q1 — BOOL (RS) BOOL — R1	FlipFlop, vorrangig rücksetzend
R_TRIG	BOOL — CLK Q — BOOL (R_TRIG)	Erkennung der steigenden Flanke
F_TRIG	BOOL — CLK Q — BOOL (F_TRIG)	Erkennung der fallenden Flanke

Tab. 16.10 (Fortsetzung)

Zähler

Funktion	Symbol	Beschreibung
CTU		Aufwärts-Zähler
CTD		Abwärts-Zähler
CTUD		Auf-Abwärts-Zähler

Timer

Funktion	Symbol	Beschreibung
TP		Timer, Puls
TON		Timer, Einschaltverzögerung
TOF		Timer, Ausschaltverzögerung

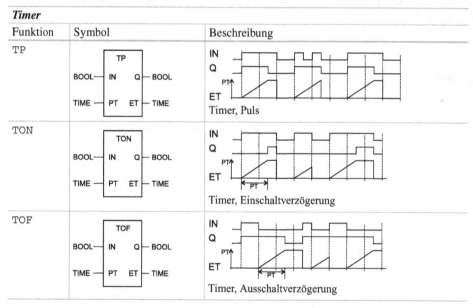

16.2   Elemente der Sprache Anweisungsliste (AWL)

Die Anweisungsliste setzt sich aus einer Folge von Anweisungen zusammen. Die Anweisungen sind so aufgebaut, wobei nicht jede Anweisung alle diese Elemente enthalten
muss:

Marke: Operator   Operand   Kommentar

In der folgenden Tab. 16.11 sind die für die Anweisungsliste definierten Operatoren aufgelistet. Ein großer Teil davon entspricht den in Tab. 16.9 erwähnten Standardfunktionen
und macht diese somit in der AWL verfügbar.

Tab. 16.11 Sprachelemente Anweisungsliste

AWL

Operator	Modifizierer	Operand Typ	Bedeutung
LD	N	*alle* [a]	Setzt das Aktuelle Ergebnis (AE) dem Operanden gleich
ST	N	*alle* [a]	Speichert das AE auf die Operanden-Adresse
S		BOOL	Setzt Operator auf 1 wenn aktuelles Ergebnis TRUE ist
R		BOOL	Setzt Operator auf 0 zurück wenn AE TRUE ist
AND	N (	ANY_BIT [a]	Bitweises UND
OR	N (	ANY_BIT [a]	Bitweises ODER
XOR	N (	ANY_BIT [a]	Bitweises Exclusiv-ODER
ADD	(	ANY_NUM, TIME	Addition
SUB	(	ANY_NUM, TIME	Subtraktion
MUL	(	ANY_NUM, TIME	Multiplikation
DIV	(	ANY_NUM, TIME	Division
GT	(	*alle*	Vergleich: >
GE	(	*alle*	Vergleich: >=
EQ	(	*alle*	Vergleich: =
NE	(	*alle*	Vergleich: <>
LE	(	*alle*	Vergleich: <

Tab. 16.11 (Fortsetzung)

Operator	Modifizierer	Operand Typ	Bedeutung
LT	(	*alle*	Vergleich: <=
JMP	C N	MARKE	Sprung zur MARKE
CAL	C N	NAME	Aufruf Funktionsbaustein NAME [b]
RET	C N		Rücksprung aus der Funktion oder FB
)			Bearbeitung der zurückgestellten Operation

[a] Bei Verwendung des Modifizierers N muss der Datentyp BOOL sein.
[b] Die Parameterübergabe an den Funktionsbaustein erfolgt durch Laden/Speichern der Eingangsparameter wie im vorderen Teil dieses Buches beschrieben.
Die Übergabe der Parameter in einer Liste der Eingangsparameter ist bei PLC-lite nicht vorgesehen.
Beispiel: CAL_CTR_(CU:=Clock,_PV:=Input)

16.3   Schlüsselwörter

Schlüsselwörter (Tab. 16.12) sind geschützt und dürfen nicht für Bezeichner verwendet werden. Besonders zu beachten: Die Bezeichner der Ein- und Ausgänge der Standardfunktionsbausteine sind ebenfalls geschützte Schlüsselwörter.

Die Namen der Ein- und Ausgangsparameter der Standard-Funktionsbausteine (Formalparameter) sind in den Bildern oben zu finden. Diese Namen dürfen für selbstdefinierte FBs nicht verwendet werden.

Tab. 16.12 Schlüsselwörter

Schlüsselwort
ACTION   ...   END_ACTION
ARRAY   ...   OF
AT
CASE   ...   OF   ...   ELSE   ...   END_CASE
CONFIGURATION   ...   END_CONFIGURATION
CONSTANT
EN,   ENO
EXIT
FALSE
F_EDGE
FOR   ...   TO   ...   BY   ...   DO   ...   END_FOR
FUNCTION   ...   END_FUNCTION
FUNCTION_BLOCK   ...   END_FUNCTION_BLOCK
IF   ...   THEN   ...   ELSIF   ...   ELSE   ...   END_IF
IMPLEMENTS, EXTENDS
INITIAL_STEP   ...   END_STEP

Tab. 16.12 (Fortsetzung)

Schlüsselwort
INTERFACE   ...   END_INTERFACE
METHOD ... END_METHOD
PROGRAM   ...   WITH
PROGRAM   ...   END_PROGRAM
R_EDGE
READ_ONLY,   READ_WRITE
REPEAT   ...   UNTIL   ...   END_REPEAT
RESOURCE   ...   ON   ...   END_RESOURCE
RETAIN,   NON_RETAIN
RETURN
STEP   ...   END_STEP
STRUCT   ...   END_STRUCT
TASK
THIS, SUPER
TRANSITION   ...   FROM   ...   TO   ...   END_TRANSITION
TRUE
TYPE   ...   END_TYPE
VAR   ...   END_VAR
VAR_INPUT   ...   END_VAR
VAR_OUTPUT   ...   END_VAR
VAR_IN_OUT   ...   END_VAR
VAR_TEMP   ...   END_VAR
VAR_EXTERNAL   ...   END_VAR
VAR_ACCESS   ...   END_VAR
VAR_CONFIG   ...   END_VAR
VAR_GLOBAL   ...   END_VAR
WHILE   ...   DO   ...   END_WHILE
WITH
Datentypnamen (siehe Tab. 16.5)
Namen der Standard-Funktionen (siehe Tab. 16.9)
Namen der Standard-Funktionsbausteine: (siehe Tab. 16.10)
CTD, CTU, CTUD, F_TRIG, RS, R_TRIG, SR, TOF, TP, TON
Bezeichner der Standardfunktionsbaustein-Ein-/Ausgänge:
CD, CLK, CU , CV, ET, IN, LD, PV, Q, Q1,R, R1, S, S1
Operatoren der AWL-Sprache (siehe Tab. 16.11)
Operatoren der ST-Sprache:
NOT, MOD, AND, XOR, OR

Begriffe englisch – deutsch 17

absolute time	absolute Zeit
access path	Zugriffspfad
action	Aktion
action block	Aktionsblock
aggregate	Aggregat
argument	Argument
array	Feld
assignment	Zuweisung
based number	basisbezogene Zahl
bistable function block	bistabiler Funktionsbaustein
bit string	Bitfolge
boiler	Kessel
body	Rumpf
call	Aufruf
character string	Zeichenfolge
clock	Takt(-impuls)
cluster	Bündel (math.)
comment	Kommentar
compare	vergleichen
compile	kompilieren
configuration	Konfiguration
cooler	Kühlung
counter	Zähler
counter function block	Zähler-Baustein
data type	Datentyp
date and time	Datum und Uhrzeit
declaration	Deklaration
delimiter	Begrenzungszeichen

© Springer-Verlag Berlin Heidelberg 2015
H.-J. Adam, M. Adam, *SPS-Programmierung in Anweisungsliste nach IEC 61131-3*,
DOI 10.1007/978-3-662-46716-9_17

dice	(Spiel-)Würfel
digit	Ziffer, Zahl
direct representation	direkte Darstellung
discriminate (between)	unterscheiden (zwischen)
double word	Doppelwort
down	abwärts
evaluation	Auswertung
execution control element	Element zur Ausführungssteuerung
falling edge	fallende Flanke
flash	Blitz, Blinker
function	Funktion
function block instance	Funktionsbaustein-Instanz
function block type	Funktionsbaustein-Typ
function block diagram	Funktionsbaustein-Sprache
generic data type	allgemeiner Datentyp
global scope	globaler Geltungsbereich
global variable	globale Variable
hierarchical adressing	hierarchische Adressierung
identifier	Bezeichner
initial value	Anfangswert
input	Eingang
input parameter	Eingangsparameter
instance	Instanz
instantiation	Instanziierung
integer literal	ganzzahliges Literal
invocation	Aufruf
keyword	Schlüsselwort
label	Marke
language element	Sprachelement
literal	Literal
local scope	lokaler Geltungsbereich
logical location	logischer Speicherort
long real	lange Realzahl
long word	Langwort
memory	Datenspeicher
mixer	Mischer, Rührer
named element	bezeichnetes Element
off/on-delay timer function block	Aus/Einschaltverzögerung
operand	Operand
operator	Operator
output	Ausgang
output parameter	Ausgangsparameter

overloaded	überladen
power flow	Stromfluß
program	Programmieren, Programm
program organisation unit POU	Programm-Organisations-Einheit POE
push	Drücken
real literal	reelles Literal
reset	Zurücksetzen
resource	Resource
retentive data	Gepufferte Daten
return	Rücksprung
rising edge	steigende Flanke
scope	Geltungsbereich
semantics	Semantik
semigraphic representation	Semigraphische Darstellung
single data element	Einzel-Datenelement
step	Schritt
structured data type	Strukturierter Datentyp
subscripting	Indizierung
symbolic representation	Symbolische Darstellung
switch	Schalter
tank	Kessel, Messgefäß
task	Task, Aufgabe
time	Zeit
time literal	Zeitliteral
transition	Transition
unsigned integer	Vorzeichenlose ganze Zahl
up	Aufwärts
value	Wert
wired or	Verdrahtetes ODER

Literatur

1. John, Karl-Heinz, Tiegelkamp, Michael.: SPS-Programmierung mit IEC 61131-3 – Konzepte und Programmiersprachen, Anforderungen an Programmiersysteme, Entscheidungshilfen, Springer, Heidelberg (2009)

2. Norm DIN EN 61131-1: Speicherprogrammierbare Steuerungen – Teil 1: Allgemeine Informationen (IEC 611311:2003); Deutsche Fassung EN 611311:2003, Beuth, Berlin (Ausgabedatum: 2004-03)

3. Norm SN EN 61131-1; IEC 61131-1:2003:2003: Speicherprogrammierbare Steuerungen – Teil 1: Allgemeine Informationen (IEC 61131-1:2003), Beuth, Berlin (Ausgabedatum: 2003)

4. Norm DIN EN 61131-3: Speicherprogrammierbare Steuerungen – Teil 3: Programmiersprachen (IEC 61131-3:2003); Deutsche Fassung EN 61131-3:2003, Beuth, Berlin (Ausgabedatum: 2003-12)

5. Norm DIN EN 61131-3 Beiblatt 1: Speicherprogrammierbare Steuerungen – Leitlinien für die Anwendung und Implementierung von Programmiersprachen für Speicherprogrammierbare Steuerungen , Beuth, Berlin (Ausgabedatum: 2005-04)

6. Normentwurf DIN IEC 61131-3: Speicherprogrammierbare Steuerungen – Teil 3: Programmiersprachen; Englische Fassung (IEC 65B/725/CD:2009), Beuth, Berlin (Ausgabedatum: 2009-12)

7. Norm DIN EN 61131-5: Speicherprogrammierbare Steuerungen – Teil 5: Kommunikation (IEC 61131-5:2000); Deutsche Fassung EN 61131-5:2001, Beuth, Berlin (Ausgabedatum: 2001-11)

8. Norm DIN EN 60848: GRAFCET – Spezifikationssprache für Funktionspläne der Ablaufsteuerung (IEC 60848:2002); Deutsche Fassung EN 60848:2002, Beuth, Berlin (Ausgabedatum: 2002-12)

© Springer-Verlag Berlin Heidelberg 2015
H.-J. Adam, M. Adam, *SPS-Programmierung in Anweisungsliste nach IEC 61131-3*,
DOI 10.1007/978-3-662-46716-9

Sachwortverzeichnis

Printed in the United States
By Bookmasters